理科少女の料理實驗室 5

解開夢想食譜的消失之謎

山本 史 やまもと ふみ 著

nanao 繪

緋華璃 譯

目錄

1 葉大哥的企圖……5
2 剩下的任務……10
3 失敗的原因……38
4 天大的危機……50
5 夢寐以求的法國……82
6 由宇的任性……110
7 夜晚的實驗室……137
8 出乎意料的逆轉……164
9 另一個誤會……186

10 夢幻甜點背後的真相……195
11 謎底揭曉……211
12 傳說中的甜點——國王派……230
13 恢復平常的生活……244
14 為農家打氣的蘋果派……258
15 最棒的生日……270
16 人生的十字路口……276
後記……285

人物介紹

佐佐木理花

小學五年級，擅長理化，
經常和蒼空同學一起做甜點。

廣瀨蒼空

小學五年級，班上最帥的男生，
正在學習如何當一名優秀的甜點師傅。

廣瀨由宇

小學五年級，蒼空的親戚，
夢想是當廚師。

葉大哥

Patisserie Fleur的員工。

蒼空同學的爺爺

Patisserie Fleur
唯一的甜點師傅。

金子百合

小學五年級，理花和
蒼空的同班同學。

石橋脩

小學五年級，轉學生，
興趣是學習。

1 葉大哥的企圖

「理花同學，這段時間非常謝謝妳的照顧——再見。」

感覺葉大哥的聲音還在我耳邊迴盪，嗡嗡作響。

我——佐佐木理花，與同班同學廣瀨蒼空一起挑戰製作

「**夢幻甜點**」。可是，蒼空同學突然決定去法國拜師學藝。

因為蒼空同學一直忘不了在奶奶生日時吃到的「夢幻甜點」，希望有朝一日能親手做出那道甜點。他為了達成目標前往法國，要去學習「夢幻甜點」的作法。

但我實在很傷心、很難過，遲遲無法說出「一路順風」這句話。多虧有葉大哥從背後推我一把，我才能打起精神，支持蒼空同學的夢想。

可是……怎麼會這樣？葉大哥為什麼要對我說「再見」？

他說他的目的是蒼空爺爺的日記本，因為日記裡寫著某道甜點的作法。既然得到了作法，就不用繼續待在Patisserie Fleur。葉大哥丟下這句話之後，就轉身離開了 Patisserie Fleur——我真的不敢相信，說什麼也不願相信。

難道，我們都被葉大哥騙了？

我站在空無一人的 Patisserie Fleur 門前，一時半刻動彈不得。

過了半晌才反應過來。蒼空爺爺不在的期間，葉大哥是負責留守的人。現在葉大哥突然也走了，爺爺和蒼空同學都不在，Patisserie Fleur 到底該由誰來守護？

等蒼空同學從法國回來時，萬一 Patisserie Fleur 關門了，他該有多傷心啊。

還有——還有！桔平同學爺爺家的果園，那些被颱風吹落的蘋果又該怎麼辦？枉費大家努力地做出為農家打氣的蘋果派。

葉大哥明明答應要幫忙！無論如何都得把葉大哥找回來才行！我往葉大哥消失的方向狂奔。

「葉大哥！等等我！」我朝著葉大哥漸行漸遠的背影大喊。

「蘋果派呢？蘋果派怎麼辦！」

「……」走遠的葉大哥，有一瞬間似乎停下腳步。

「Patisserie Fleur 呢？蒼空同學的夢想呢？你不是對我說過：『為

了蒼空同學的夢想，妳願意祝他一路順風嗎？』為什麼你要離開？」

我大聲吶喊，然而葉大哥還是頭也不回地繼續往前走。我只好放棄喊話，拚命地往前跑。可是才轉個彎，我便追丟了葉大哥。

不知不覺，我已經來到車站前的商店街。或許是還沒到開門做生意的時間，商店街上人煙稀少，但是完全不見葉大哥的身影。我試著往車站的方向找，車站前人滿為患。

葉大哥在哪裡？我拚命搜尋身材瘦高的男人，可惜到處都找不到葉大哥的身影。

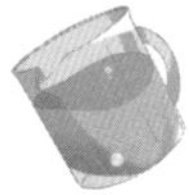

2 剩下的任務

「怎麼辦？追丟了……」我不知所措。

葉大哥到哪兒去了？我束手無策地在車站與商店街之間徘徊，突然想到一個可能性。啊，對了！上次颱風過後，葉大哥說他去買東西，路過我家門口，猜想我們應該住得很近。

我轉身往回家的方向跑，說不定葉大哥是往回家的方向去了？我抓住一絲希望，加快腳步，沒想到路上突然出現人牆。怎麼回事？剛才明

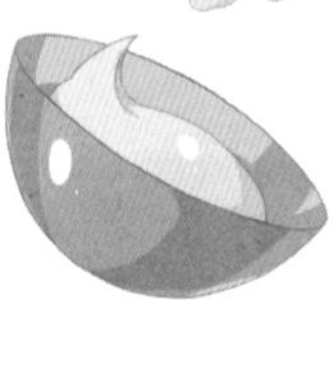

明沒有這麼多人。

我被人牆擋住，心煩意亂地只能在原地踩步，低頭發現地上有一張宣傳單。我不經意地看著上面的廣告，一股香甜的氣味撲鼻而來。我記得這是奶油的香味，不由得瞪大雙眼。

咦！

「PATISSIER SAINT-HONORE 開幕優惠！」我抬起頭來，循聲望向人潮聚集的方向，視線前方是一家可愛的小店。我記得是上次和蒼空同學他們一起帶由宇參觀環境時，那間寫著即將開幕的店家。

「PATISSIER是賣蛋糕的店嗎？」我還以為是麵包店……沒想到居

然是蛋糕店！只聽到路人交頭接耳的討論著。

「哇，好漂亮！看起來好好吃。」

「對呀，平常去的那家蛋糕店好像沒開，這下子剛剛好，而且那家店也沒有這種鬆鬆軟軟的蛋糕。」

「你是指 Patisserie Fleur 嗎？」

「沒錯。剛才經過的時候，店門口貼著公休的紙條。」

Patisserie Fleur 貼著公休的紙條？真的嗎？

望向聲音的來處，我不禁當場愣住。好像在哪裡見過這張臉——想起來了，她是常來 Patisserie Fleur 光顧的客人。只見她的手裡端著小巧的塑膠托盤，盤子裡有塊蛋糕。

一旁的店員大姊姊穿著白色制服，看起來很親切，笑容滿面的發送試吃蛋糕，同時大聲推銷：「歡迎試吃，我們家的蛋糕是世界上最好吃的蛋糕！」

她溫柔的笑容有點像葉大哥，讓我看了忍不住難過得想哭。

「請您也試吃看看！」店員遞給我一小塊塗滿奶油的蛋糕。

Patisserie Fleur 沒有這種鬆鬆軟軟的海綿蛋糕，這款蛋糕確實很適合這家可愛的店。

但我拚命搖頭。

「咦，妳不喜歡甜甜的蛋糕啊？要不要嚐嚐其他的甜點……」

「不、不用了！」我丟下這句話，逃命似地離開那家店。

怎、怎、怎麼辦？新開幕的居然是一家蛋糕店！客人會不會都跑去那家店？再、再也不回來了……

我心慌意亂地往前跑，等我反應過來，已經回到 Patisserie Fleur 的店門口。正如剛才那位客人所說的，在 Patisserie Fleur 的店門口確實貼了一張紙條。

「老闆不在，暫時公休」

哇啊啊，剛才路上民眾說的沒錯！但這張紙是什麼時候貼的呢？

我的臉上表情僵硬，情不自禁地伸手朝向那張紙，問題是，我撕下那張紙又能怎麼辦？葉大哥不在了，誰來開店呢？

「再這樣下去，Patisserie Fleur 可能會……」

我感覺膝蓋發軟，整個人蹲在地上時，頭上傳來熟悉的嗓音：

「妳怎麼會在這裡？蒼空已經出發啦！」

抬頭一看，由宇正站在我的面前。她跟昨天一樣，頭髮還是亂七八糟，身上也穿著睡衣，揉著惺忪的睡眼。

「啊，由宇同學……」一時之間，我不知道該怎麼說才好，只好一直盯著由宇看。

由宇一邊從信箱拿出早報，一邊說：「爸爸要我來拿報紙，他連這種小事都要別人幫他做……真是傷腦筋啊！好睏……太早起床了。」

由宇隨手抓了抓翹得亂七八糟的頭髮。印象中，蒼空同學也常這樣做，這個動作讓我想起蒼空同學已經不在了，不由得一陣鼻酸。

因為我一直不說話，由宇有些尷尬地向我招手說道：「這裡有車經過，先進店裡再說。妳來這裡肯定有什麼事吧？」

咦？她怎麼變得……這麼溫柔？

我跟在由宇的身後，滿頭問號。這麼說來，由宇怎麼沒去送機？就連這種時候也睡過頭嗎？蒼空同學都要去法國了？一大堆「？」在我的腦袋裡跑來跑去。

由宇從爺爺家拿來了烘焙坊的鑰匙，我跟著她走進烘焙坊。眼前是少了蒼空同學和爺爺、葉大哥的烘焙坊，看起來好陌生。

「快說吧，發生什麼事了？」

我猶豫了一下，還是決定把事情一五一十地告訴由宇。因為Patisserie Fleur的危機等於是蒼空同學的危機，就算由宇不喜歡我，但為了蒼空同學，她應該也會跟我一起想辦法吧。

「事情是這樣的……」我把葉大哥帶走爺爺的日記，當我追出去的時候，發現車站前開了一家新的蛋糕店。此刻正在宣傳發送試吃品，很多Patisserie Fleur的客人都跑到那裡去了。

由宇臉上的表情越來越難看，當我依照時間順序講到最後，由宇瞠目結舌地說：「可惡，原來競爭對手是指那家店啊！」

這麼一說，我也想起來了。之前我們一起溜進烘焙坊偷聽大人講話，當時由宇爸爸確實說過：「現在出現競爭對手，您也很傷腦筋吧。」後來爺爺對我們說「小孩子不要管大人的事」，他就跟由宇爸爸換了地方說話，所以不曉得他們後來說了什麼，原來是這麼回事啊！

「那是一家什麼樣的店？」由宇問道。

我遞出撿來的宣傳單

由宇邊看邊說：「店名是『PATISSIER SAINT-HONORE』，也是賣法式甜點。而且位置在車站前，客人可能會被他們搶走……」

聽到由宇說的話，我臉色發白的低聲說：「怎麼辦？」

「還能怎麼辦！聽說開幕的第一週最重要，所以那家店應該會盡全力打廣告。萬一Patisserie的客人被搶走就糟了，現在可不是休息的時候。既然蒼空和爺爺都不在，**只能靠我們自己想辦法度過難關了。**」

「妳說的有道理。」問題是，光靠我們……下一瞬間，我猛然抬頭，看著由宇。咦？由宇剛才是說「靠我們自己」嗎？

「由、由宇同學，妳也願意……幫忙嗎？」

聽到我這麼說，由宇氣呼呼地嘟嘴回話：「我說妳啊，蒼空的問題也是我的問題。妳是不是把自己看得太重要了？妳該不會以為『蒼空同學只有理花』吧？」

哇，我感覺自己的臉好像有火在燒，連忙否認：「才、才、才沒有這回事。」我拚命搖頭，但其實內心的想法被由宇說中了。

「最重視蒼空的人，是我！」被由宇的大眼睛瞪著，我感到無地自容。

哇啊啊啊，由宇說的沒錯。對由宇而言，這可是蒼空同學的大問題，她想為他盡一份力也是人之常情。

「可是……」由宇不是討厭我嗎？應該不想跟我一起做任何事吧。

我還在扭扭捏捏地思考這些問題。

由宇無奈地嘆了一大口氣：「妳不希望我幫忙嗎？」

「什麼？」我不希望由宇幫忙？看在由宇眼中是這種感覺嗎？我完全沒有這個意思。「不，沒有這回事——」

我急忙出聲否認，但是被由宇打斷：「也對，想想我之前對妳做的那些事，你會這麼想也很正常。」由宇的表情有些落寞。

「那……這樣好了，就當是妳來幫我。」

「要、要我幫忙……？」

「沒錯，我在這裡沒有朋友，可是也不能眼睜睜地看著爺爺的店發生危機卻不理不睬。」

幫忙——這句話怎麼聽起來怪怪的。由宇要拯救陷入危機的Patisserie Fleur，而我只是幫忙？這不對吧？明明是我想拯救陷入危機的蒼空同學，明明是我不希望Patisserie Fleur倒閉。

這麼重要的事，才不能交給別人。不過，由宇的想法應該也跟我一樣，她總說自己才是蒼空同學身邊最親近的人……所以肯定不會輕易讓出這個位置吧。

既然如此，我抬起頭來，目不轉睛地直視由宇的雙眼。由宇露出有些不知所措的表情，接著我真心地說：「由宇！為了蒼空同學，我們一起守護Patisserie Fleur吧？」我認為這是最好的作法。

由宇如釋重負地深深吐了一口氣，隨後換上嚴肅的表情，點頭答應：「……好吧。」

她瞥了宣傳單一眼，同時一邊整理思緒，一邊喃喃自語：「首先，我們沒辦法阻止競爭對手開幕。現在能做的事，只有讓 Patisserie Fleur 照常營業。」

「妳是打算要說服葉大哥，請他回來嗎？」

「可是妳根本不知道他人在哪裡吧？」

「嗯……我猜他可能住在附近……」

我腦中靈機一動，問道：「對了，妳能查出葉大哥的住址嗎？爺爺可能會寫在某個地方。」但由宇搖頭說：「應該沒辦法，畢竟我不是這家店的員工，我猜我爸爸也不知道。」

我大失所望，垂頭喪氣：「說的也是……這樣就難找了。」

由宇仰天長嘆：「沒有地址的話，即使要在附近找也有難度。現在很多人已經不會在家門口掛上門牌，更不用說是大樓或公寓了。」

她說的沒錯，我們家附近有很多大樓及公寓，如果要家家戶戶的找人，光想就覺得很花時間。

「更何況……」我想起最後見到葉大哥的情景，忍不住黯然神傷。

我說了那麼多話，他一個字也聽不進去。他看起來去意堅決，就算真的找到人，他應該也不會回來。

「這麼一來，只能由我們自己製作蘋果派了！」由宇露出笑容。

「我們自己做？」

「昨天我們不是才剛做過嗎？而且做得很完美！只要照著做就行了，我們自己動手吧！」

「原……原來如此！」由宇的話讓我沉到谷底的心，稍微升起來一點。昨天大家一起做的蘋果派確實很美味，連爺爺都說很好吃，也許並不是辦不到。

一定辦得到的！

我們一定能度過這個難關！

「可是光靠我們兩個，人手還不夠。」

由宇瞥了一眼放在烘焙坊角落的紙箱，裡頭的蘋果堆成一座小山。

昨天剩下的蘋果還有十顆以上，而且蒼空同學的爺爺已經決定向桔平同學的爺爺買蘋果，接下來應該還會收到更多蘋果。

由宇從紙箱裡拿出兩顆蘋果，皺著眉頭說：「損傷得很嚴重呢，這邊的蘋果可能已經無法用來製作甜點了。」

她手上的兩顆蘋果有一半已經變成咖啡色了，由宇拿出菜刀，把受損的蘋果切成兩半。然後靈巧的動手為另一半沒問題的蘋果削皮，最後再切成兩半，分給我一半：「吃吧，丟掉太可惜了。」

「啊，謝謝……」咬下一口，感覺果汁在口中流淌開來。好好吃！熟透的蘋果非常可口，一下子就吃光了，我看了看由宇，她也吃完了。

只見由宇又削起另一顆蘋果。「受損的地方會擴散，所以得先處理掉才行。」她口中念念有詞，削完之後就卡嚓卡嚓地吃起蘋果，我也將另一塊蘋果放進嘴裡。這顆蘋果的口感很脆，有點酸酸的。

咦？**味道跟剛才的蘋果不一樣？**

我還在思考這個問題時，由宇提出建議：

「如果不趕快處理，蘋果會繼續腐壞。人手不夠的話，想辦法把昨天的成員召集來，問題就解決了。」

「昨天的……」這麼說來，昨天的成員有百合同學和奈奈、小唯同學，還有桔平同學和脩同學。

可是找百合同學來的是桔平同學，脩同學是蒼空同學找來的。換成我開口拜託他們，他們會來嗎？……內心缺乏自信的我，沒來由地感到一陣不安。他們會為了我這種人一起努力嗎？

正當我內心還在猶豫遲疑的時候，由宇接著說：「還有啊……今天是假期的最後一天，所以我只能待到傍晚。」

這句話點醒我，現在不能再浪費時間煩惱了！我想起由宇昨天大顯身手的模樣。萬一擅長廚藝的由宇回去了，我自己不曉得能不能辦到呢！一定要趁由宇還在的時候完成蘋果派才行。

看來就算會被大家拒絕，也只能硬著頭皮開口拜託了！不管被拒絕多少次，我都要努力提出邀請。為了蒼空同學，我一定要鼓起勇氣！

「好的，我現在就去找他們。」我使出丹田之力大聲說出承諾，衝出 Patisserie Fleur。

我打算一一登門拜訪昨天的成員，首先是住在距離Patisserie Fleur最近的百合同學。她聽我說完事情的來龍去脈，馬上答應要幫忙，真是令我大大地鬆了一口氣。

沒想到，百合同學接著眉頭深鎖地說：「可是奈奈和桔平同學今天要比賽足球，小唯也有其他事，應該不在家。」

「這、這樣啊，那也沒辦法……」

問題是，如果奈奈和小唯不能來的話，百合同學會願意來嗎？看我忐忑不安，百合同學立刻接著說：「我猜脩同學一定會來，我們去找他吧！」

太、太好了！她願意來幫忙！我好高興，胸口湧出一股暖流。於是我們立刻前去脩同學住的大樓。

脩同學也非常乾脆地一口答應：「既然廣瀨不在，我可以去。」

嗚……他們的關係真的好差……

我帶著百合同學和脩同學回到只剩下由宇的Patisserie Fleur，站在門口等我們的由宇露出複雜的表情，愁眉苦臉地說：

「傷腦筋，這傢伙怎麼也來了……資優生為什麼不留在家裡看動物紀錄片？」

跟由宇的表情相反，脩同學眉飛色舞地笑著說：「奇怪了，我在這裡會妨礙誰嗎？」

哇！怎麼回事？這兩個人好像也容易吵架啊……我有點慌張。

要想辦法改善氣氛才行，現在可沒有時間讓他們吵架了！

「真是對不起，讓大家百忙中抽時間過來。蒼空同學遇到麻煩了，我無論如何都想幫忙。」

聽到我這麼說，百合同學不開心地皺起眉頭：「有什麼對不起的——妳為什麼要這麼說？」

「咦？因為……」百合同學在生氣嗎？

「因、因為我麻煩到大家了，本來應該由我自己一個人解決，卻要大家為我這種人撥出時間……真是不好意思。」我尷尬地小聲解釋。

百合同學聽完目露兇光，脩同學也是目瞪口呆地搖頭嘆氣。

他們生氣了嗎？我感到非常害怕。明明是想向他們道謝，怎麼反而會惹火他們呢？

看見我不知所措，百合同學便雙手叉腰說：「理花同學，妳真是的。既然是蒼空同學遇到麻煩，我們當然樂意幫忙……還有！我記得上次也問過你**『這種人』是哪種人？」**

「嗯……」我回答不出來。

「拜託別再說『我這種人』之類的話了。**因為是理花同學，**

我才會幫忙呢！因為一起完成某件事很開心，我才會幫忙的！」

百合同學充滿熱情的這番話令我大吃一驚。

「雖然我不是很樂意幫助廣瀨啦，但如果是理花同學的請求，我是很願意幫忙的。而且我不是一直邀請妳跟我做實驗嗎？妳怎麼會這麼沒自信呢？」脩同學也這麼說。

「百合同學、脩同學……」聽完兩人的話，我感動得眼淚都快奪眶而出。很想說點什麼回應他們，但千言萬語都卡在喉嚨，說不出口。

看我手足無措的樣子，脩同學噗哧一笑。

「理花同學，這種時候妳別總是想著說『對不起』，不是應該有更好的臺詞嗎？」

說的也是！脩同學說的沒錯，有一句更適合這種時候的臺詞。

「謝謝你們！百合同學、脩同學。」

聽見我這麼說，兩人都害羞地笑了。

他們的反應讓我覺得好溫暖。冷不防，旁邊傳來小小聲的咕噥：「像我這種人……啊」。轉身看過去，是由宇發出的聲音。

咦？她怎麼了？我不解地看著由宇。但由宇立刻把臉撇向一邊，轉身走進烘焙坊。

3 失敗的原因

我有點在意由宇的反應，趕緊跟著百合同學、脩同學一起走進烘焙坊，只見由宇爸爸正一臉凝重地等著我們。

「啊，爸爸，您跟蒼空他們聯絡上了嗎？」由宇問道。

由宇爸爸搖頭說：「剛才已經有傳簡訊給爺爺，他們可能還在飛機上，收不到訊號。爸爸要出去辦點事，你們如果有什麼問題，可以去問蒼空的媽媽。啊——還有，今天四點要回家，由宇別忘了在那之前要準備好。」交代完事情，由宇爸爸就匆匆忙忙地出門了。

由宇抬頭看了一眼牆上的時鐘，時針指著十點。

「意思是說，還有六個小時？」

「別擔心，昨天確實做出來了，一定很快就能完成。」

百合同學穿上淺紫色的圍裙，頭上綁著顏色相同的三角巾。造型好可愛，很適合她。

「加油吧！」百合同學露出天使般的笑容對我們說，只見由宇臉上泛起一抹紅暈。

「說、說的也是，一定很快就能完成。」由宇突然把臉轉開，急忙忙地套上 Patisserie Fleur 的圍裙。

脩同學則是穿上簡單大方的黑色圍裙。

「脩同學也帶了自己的圍裙來呢。」

「這是轉學前在實習課做的。」

「哇，好厲害！轉學前……你是指住在福岡的時候嗎？」百合同學雙眼閃閃發光地說。

由宇露出驚訝的表情：「你是轉學生？」

「脩同學是今年暑假前才搬來這裡的。」百合同學為由宇說明。

「啊，一點都看不出來呢，感覺你們大家相處得很熟悉。」

「因為我的爸媽經常調職，所以我很習慣轉學。」脩同學不以為意的解釋著。

由宇一臉若有所思：「這樣啊……」接著表情落寞的說：「其實我也因為爸爸工作的關係經常搬家，可是我每次還沒有機會跟班上同學打成一片，馬上又要轉學。」

原來是這樣啊……由宇也經常轉學。觸碰到由宇的內心世界，我也跟著難過起來，但由宇隨即爽朗地哈哈大笑。

「不過，有蒼空在，我一點也不在乎！**因為蒼空永遠都是老樣子。**」

說的也是，就算在學校裡面無法融入大家，只要想到還有蒼空同學就不寂寞，因為有了心靈支柱。原來如此，我好像明白了，由宇為什麼那麼喜歡蒼空同學。

轉學這個話題讓大家有點感傷，由宇似乎想打破眼前沉悶的氣氛，拿出蘋果說：

「開始動手做吧！按照昨天的作法，迅速地完成蘋果派！」

他手上的那顆蘋果，看起來比昨天使用的更大顆，而且不是大紅色的蘋果，是帶點白色的紋路，底下還有細小的傷痕。

烘焙坊的白板上面還貼著蒼空同學寫的步驟，我們依照白板寫的作法，跟昨天一樣切開蘋果，然後為派皮劃上刀痕。

「手的溫度如果太高的話容易失敗，**記得要先用水把手沖涼**，對吧？」

大家回想起昨天失敗的教訓，謹慎地互相提醒，接著小心翼翼的蓋上派皮。

問題來了，知道是一回事，實際做又是另外一回事。

「派、派皮好像要撐破了……」

真懊惱自己怎麼會如此笨手笨腳……正當我埋怨自己時，一旁的百合同學也陷入苦戰。

「別著急，慢慢來就能把派皮延展開來。」

多虧有由宇的鼓勵，大家總算順利地蓋上派皮。放進預熱好的烤箱裡，經過二十分鐘之後。

「咦？怎麼回事？」

看到從烤箱裡拿出來的派，大家都愣住了。怎麼比昨天成功的蘋果派小一號？內心莫名的不安。難、難不成……失敗了？

「不會的，不可能失敗吧？」由宇一邊嘀咕一邊把派切成兩半。

看到蘋果派的橫切面，我們全都啞口無言。

因為……派根本沒有膨起來！

正確地說，先用水冷卻雙手後，慎重蓋上的派皮膨起來了……問題出在底下的派皮。不僅沒有膨起來，還變得扁扁的。

「啊啊啊啊啊，為什麼!?」由宇大叫。

「到、到底是哪裡弄錯了？難道這次換成下面的派皮過熱了嗎？」

不對！我們全都拚命搖頭。我們幾乎沒有碰到下面的派皮！而且昨天才剛做過不是嗎！不可能忘記作法，作法應該也一模一樣！

既然如此，到底為什麼？

「嗯……先觀察一下吧。」脩同學走到我旁邊，我們一起從側面觀察作業台上的蘋果派。

「雖然說是底下的派皮，但其實只有蘋果底下的派皮沒有膨脹呢，是不是沒有烤熟啊？」倏同學立刻看出端倪。

仔細觀察，派皮沒有膨起來的部分，上頭確實都壓著蘋果。

「真的太厲害了。」不愧是倏同學。肯定是因為平常都在觀察昆蟲或植物，一下子就能看出哪裡不同。

我不假思索地跟平常一樣，從包包裡拿出筆記本。打算把問題寫下來，進一步整理思緒。可是看到寫著「殿堂級實驗筆記」的封面時，心臟漏跳一拍。

啊！要是讓他們看到這個，就會發現我做實驗的目標是和蒼空同學一起做出「殿堂級甜點」了。

我慌張地將筆記本翻到空白頁，因為只要打開，它就只是普通的筆記本。

提心吊膽地看了所有人一眼，擔心被大家發現筆記本的祕密。啊，好像沒有人注意到……我鬆了一口氣，趁著還沒忘記，念念有詞地寫下剛才注意到的問題。

「原因出在蘋果？」

既然如此，就必須做實驗進行比較，研究原因是不是出在蘋果。問題是，該怎麼做才好？我試著在筆記本裡畫下表格。

「有蘋果↓派皮膨不起來」

「沒有蘋果↓？？？？」

寫下來之後，答案呼之欲出。換句話說，只要烘烤沒有蘋果的派皮，就能知道原因是否出在蘋果身上。

太好了！但我高興還不到兩秒。

「等等？可是，昨天的派……放上蘋果也照樣膨起來了。」脩同學說到重點。

昨天做的派，我回想起昨天做的實驗，頓時無言。因為昨天烤的時候也放上了蘋果，但派皮卻可以膨起來，就連蘋果底下的派皮也烤得酥酥脆脆。

問題是——今天的派，為什麼膨不起來呢？

4 一天大的危機

正當大家垂頭喪氣、沉默不語時，牆上的時鐘發出聲音告訴我們，已經中午十二點了。

哇，已經中午了！「好餓……我們的午餐要怎麼解決呢？」由宇喊著肚子餓。

百合同學解下圍裙說：「媽媽要我回去吃飯，所以我先回家一趟！」

於是我們決定原地解散，先各自回家吃午飯。

「嗚……為什麼膨不起來呢？」

回到家，聽見我念念有詞地走進客廳，坐在餐桌前用餐的媽媽馬上站起來。餐桌上面是加了奶油、淋了大量蜂蜜的法式吐司。看起來好軟、好好吃，肚子不爭氣地叫了起來。

「妳回來啦！不曉得妳什麼時候回來，所以我先吃了。等一下，我馬上做給妳吃。啊，法式吐司可以嗎？」媽媽說著就打開冰箱，開始準備餐點。

我有點掙扎，法式吐司很好吃，可是準備起來需要一點時間！但我沒時間了！於是對著廚房大聲說：「媽媽不用忙了，沒時間，我只要吃吐司就可以了！」

「咦？」被我打斷，媽媽的聲音停頓了一下。

我心想怎麼了，探頭看向廚房，原來媽媽已經把一部分的吐司浸泡在蛋液裡面了，那是做法式吐司的步驟之一。

只見吐司的一小角已經沾滿奶黃色的蛋液，我記得它是由雞蛋和牛奶、砂糖混合而成的液體。

「啊……吐司已經泡在蛋液裡了。」媽媽還想繼續把吐司放進去。

我連忙阻止她：「**沒、沒關係！**只沾到一點點，直接用小烤箱烤吧！」

「咦——有必要這麼急嗎？妳冷靜一下。這個用小烤箱烤的話，口感不會好吃。」

「沒關係，這樣就好了！」我直接塞進烤箱裡，結果真的像媽媽說的，沾到蛋液的部分沒烤好，變得軟趴趴，一點也不脆。

唉！沒辦法！我只好把果醬塗在口感有點難吃的吐司上面，然後用最快的速度吃完，衝出家門。

雖然大家約好下午一點再集合，但是只要想到時間完全不夠用，我無論如何都靜不下心來。

這個時間，其他人都還沒有回到烘焙坊。我獨自翻開筆記本，希望能找出問題。「嗯……剛才放上蘋果的部分沒有膨起來。」

回想上午發生的事，一一整理在筆記本上。使用跟昨天一樣的作法烤蘋果派。可是派皮卻膨不起來。只有放上蘋果的部分沒有膨起來，所以問題是出在蘋果嗎？

「到這裡都沒錯，可是……」昨天明明也放上蘋果了，當時就膨得起來。換句話說，問題在「昨天的派」和「今天的派」，兩者的差別在哪裡？

「可是……怎麼想都一樣啊……」我拚命回想昨天的作法。

任憑我努力想破了頭，材料和順序的部分都沒有錯……至少在我看來是如此。

想了半天，結論是——只差在昨天有蒼空同學……我開始陷入「難道蒼空同學不在了，就什麼也辦不到」的漩渦，腦袋裡的思緒也纏成一團亂麻。

為了甩掉陰沉的心情，我用力深呼吸，從椅子上站起來。

「不管了……先來準備下午要用的東西吧……」

距離由宇回家——只剩三個小時，不能再浪費時間了。

「一定會用到蘋果……我先來切蘋果吧。」

即使只是一件小事，我也想提前做好。正打算從紙箱拿出蘋果時，手突然停在半空中。

「咦？」

紙箱上面有用油性筆寫的字，紙箱的右側寫著「富士」，左側寫著「紅玉」。這是什麼意思？

我記得桔平同學最早拿來的時候並沒有這幾個字啊，難道是後來才寫上去的？誰寫的？為什麼？

我不明所以地從左右兩邊各拿出一顆蘋果，一邊是比較大顆，上頭有白色紋路的蘋果，也是經常可以在超市看到，很常見的蘋果。另一邊則是小一點、大紅色的蘋果。

這麼說來，昨天百合同學他們好像說過這種小蘋果很可愛。想起這件事的同時，腦海中好像閃過一道光芒。

咦？

我剛才好像想到什麼很重要的事……我側著腦袋，一邊努力整理亂七八糟的思緒。一邊把比較大顆的蘋果放在砧板上，握緊菜刀。

看著尖銳的菜刀，心臟跳得好快。雖然有點害怕，可是每次分工時，切菜都沒有我的事，真是太遜了，所以我也開始在家裡練習。

不要怕，肯定沒問題！我緊張地準備使力切開蘋果。

看我的！

蘋果應聲變成兩半，手裡傳來踏實的觸感——我做到了！

雖然只是一點小事，還是讓我喜上眉梢。嗯，再來也要小心地完成，

我把另一顆蘋果放在砧板上，以相同的方式下刀……

「哇啊啊啊！」

蘋果毫不費力地被我切成兩半，菜刀還因此撞到砧板。手裡傳來一陣非同小可的衝擊，嚇了我一跳。哇，跟剛才的觸感不一樣！這顆蘋果好像比剛才那顆軟一點？萬一太用力，可能會切到手！

好險！正當我暗自慶幸時——

「好危險！妳在做什麼？」我回頭望向說話的人，只見由宇站在烘焙坊門口。糟糕！剛才切蘋果的蹩腳刀工一定被她看見了。

「啊……嗯……我只是想做點什麼，讓進度能快一點。」我不好意思地

想把菜刀藏在背後。

「刀子給我，切蘋果這種事交給我就行了。你看，菜刀要斜斜地拿，才不會用力過度，太用力是很危險的。」

「我、我可以的，如果不做就永遠都不會。我不想永遠都是什麼都不會的樣子——所以，讓我來吧！」

由宇直勾勾地盯著我看，皺著眉頭說：「妳說妳什麼都不會？」

她猶豫了一下，接著開口說：「可是……妳不是很擅長理化嗎？這方面我們都不會，沒有人可以代替妳，萬一妳不小心受傷就糟了。現在如果失去妳這個戰力，大家會很傷腦筋呢。」

聽了這句話，令我大吃一驚，我擅長理化？別人都不會？少了我會很傷腦筋？

咦，難不成……由宇沒有那麼排斥我了？

胸口突然覺得好熱，我不禁一直盯著由宇的臉，彷彿要把由宇的臉盯出一個洞來，由宇的臉頓時微微泛紅，她刻意撇向一邊。

「我知道妳很想幫忙……但現在沒有時間了，下次再讓妳練習吧。」

有、有道理，現在不是練習的時候……我反應過來，戰戰兢兢地放下菜刀，將蘋果遞給由宇。

由宇接過蘋果，支支吾吾地說：「理花，那個——」

咦？怎麼有點似曾相識的感覺。我想起來了！昨天要離開 Patisserie Fleur 時，由宇好像也有什麼話想對我說。

「什麼事？」

「那個……」由宇欲言又止，像是難以啟齒似的。為了消除緊張，她隨手把砧板上切成兩半的四塊蘋果排在一起。

右邊是我第一次切的蘋果，左邊是第二次切的蘋果。

我不以為意地低頭看著那四塊蘋果的剖面。

咦？嗶嗶嗶……感覺體內竄過一道電流。

哇！等等，這、這該不會……

與此同時，由宇總算開口：「其實我……」

我知道由宇有話想對我說，但我現在滿腦子都是蘋果的事，完全聽不見由宇在說什麼。

放在右手邊的蘋果和放在左手邊的蘋果，兩相比較之下，大小、顏色都不一樣。而且感覺其中一邊的剖面乾乾的，另一邊的果肉則比較濕潤。也就是說——

昨天百合同學她們覺得很可愛的蘋果，和今天用來做派的蘋果，切開時的觸感明顯不同。

這麼說來，我和由宇早上在吃受損的蘋果時！當時感覺**味道不**

太一樣，肯定也是因為種類不同！但我不懂的是，為什麼不同的蘋果會變成無法膨脹的原因。

不過，我相信問題肯定就出在這裡。

正當我因為找到可能的問題而激動時。

「理花，妳有在聽嗎？」

「什麼？」

由宇眉頭深鎖地看著我，啊！我想起來了！由宇剛才要告訴我什麼事，但我的注意力都在蘋果上面，根本沒在聽由宇說話！

「抱、抱歉——我剛在想事情！妳說什麼？」

「真的假的……」由宇無奈地嘆了一口氣。

然後又鼓起勇氣，抬起頭來，開口說：「我是說……那個，我……」

就在同一時間，有人推開烘焙坊的門，打斷由宇想說的話。啊，是百合同學她們回來了嗎？我回頭一看，兩個意外的人影映入眼簾。

「奈奈同學？還有桔平同學！咦，你們不是有比賽嗎？」

「球賽中午就結束了！百合來找我。說你們遇到大麻煩了，要我趕快來幫忙。」

「百合同學嗎？」

「理花同學、由宇，你們怎麼這麼快就回來了！真的有吃午飯嗎？」

百合同學的臉，從奈奈後面探出來，她身後跟著進來的是脩同學。

抬頭一看，時針正好不偏不倚地指向下午一點。啊，可是由宇的話還沒說完！

「那個……由宇，妳剛才說什麼？」

「……什麼也沒有。沒時間了，先做事吧。」

由宇把臉撇向一邊，臉色不太好看。唉，我感到很抱歉，但還是重新打起精神，因為由宇說的對，沒有時間了！

嗯，等成功烤出蘋果派，我再來問問由宇到底想說什麼。

「各位請聽我說！」

我鼓起勇氣大聲開口，大家都有些驚訝地看著我。啊，難道是因為跟平常的我不太一樣嗎？

剛才由宇的那番話——我擅長理化。讓我有了一點信心，所以在理化方面，我一定要率先採取行動才行。

雖然有點害羞，但我還是接著說明：「我、我有個想法，會不會是因為這兩種蘋果不一樣的關係？如果是因為這樣，說不定……這就是失敗的原因？」

桔平同學聽到之後，一拳打在掌心裡。開口大叫：「啊，品種！問題就出在這裡！因為富士和紅玉是兩種不同的蘋果！」

什麼意思？包括我在內，所有人都一頭霧水。

桔平同學得意洋洋地說：「富士是比較多汁的蘋果，紅玉則是比較結實、口感酸酸甜甜的蘋果。因為裝箱時全部混在一起，所以我昨天把它們區分開來。」

原來是這麼回事！

「啊，所以紙箱上的字——富士和紅玉是桔平同學寫的？」

桔平同學點點頭，我按捺住驚訝的心情，趕緊寫在筆記本上。

「這麼重要的事，你怎麼不早說。」脩同學一臉傻眼地大發牢騷。

「怪我？我現在才想起來嘛。」桔平同學笑著打哈哈。

「不過，只要弄清楚這點……就能成功做出蘋果派嗎？」百合同學說道。

奈奈點頭附和：「也就是說，只要用紅玉蘋果來做就行了嗎？」

「可是……」我看著富士蘋果，忍不住嘟囔起來。

只用紅玉蘋果的話，富士蘋果就浪費了？我感到過意不去。這樣不行啦，原本就是為了不要浪費蘋果，才開始做蘋果派，怎麼可以丟掉其中一半呢。

「如果不能想到用富士蘋果也能成功做出蘋果派的方法，它們就浪費了。」聽見我這麼說，大家也點頭同意。

「嗯……這麼一來，就要先弄清楚為什麼用富士蘋果做蘋果派會失敗的原因。」脩同學探頭過來，看著我的筆記本。

攤開的筆記本，上面有我剛才寫下的差異，還有「富士」和「紅玉」這兩種蘋果的種類。

「只知道種類不同，並不能解決任何問題呢。」

「那……寫下**具體的差別**不就好了嗎。」

「具體的差別？」

脩同學故作神祕地微笑，指著磅秤。

啊！對了！我把蘋果放在磅秤上面。

「哇，富士270公克、紅玉240公克，重量完全不一樣！」

寫下重量之後，我恍然大悟。重量不一樣，也就表示——食譜的份量不一樣！

食譜寫的是「一顆蘋果」，可是不同種類的蘋果，重量並不一樣！

我想起用磅秤為砂糖及奶油秤重的步驟，眼睛頓時瞪得比牛鈴還大。

「仔細想想，我們根本沒有為蘋果秤重！」

「有道理……因為食譜寫的是一顆，自然會放上一整顆蘋果的量！」

「啊！難怪今天要蓋上派皮的時候，才會那麼困難……」

我們靈光乍現，異口同聲的說：「原因肯定就出在這裡！」

「那就調整蘋果的份量，再試一次吧！」

我們不約而同地點頭，準備重新製作蘋果派。

切蘋果，為派皮劃上刀痕，然後——在放上蘋果的階段改為秤重。

問題是……「不知道該放上幾公克的蘋果？」昨天成功的蘋果派已經被大家吃進肚子裡了！如何知道要用多少蘋果呢？

正當我內心充滿挫折時，脩同學冷不防冒出一句：

「五十嵐，同一種蘋果的重量都一樣嗎？」

「嗯……只要不是特別大或特別小，我想應該差不多。」

問這個要做什麼呢？桔平同學露出疑惑的表情，脩同學聽完他的回答後，又神祕地笑了。

「問題解決了。」脩同學說著，從紙箱裡拿出另一顆紅玉蘋果，放在磅秤上。記錄重量，238克。然後改放另一顆紅玉蘋果，這次是242克。下一顆則是243克，再下一顆是237克……確實如桔平同學所說，重量基本上都差不多。

連續秤完幾顆蘋果的重量，脩同學把所有的重量加起來。

「你在做什麼？」

「我在計算『**平均**』重量，這麼一來就能知道紅玉大致上的重量

——也就是『代表的重量』。只要使用代表的重量，應該就能提高成功的機率。」

「啊，原來如此……」桔平同學佩服得五體投地，我也覺得脩同學好厲害。

我想起數學課教過計算平均數值的方法：依序把重量全部加起來，再除以蘋果的數量。

也就是說，第一顆紅玉的重量是240克，所以240再加上238、242、243、237，答案是1200公克——然後再除以5顆蘋果就行了。

「240＋238＋242＋243＋237＝1200。接下來1200÷5……答案是240公克！」

脩同學迅速地計算出答案，咧嘴一笑。

不僅如此，脩同學也把富士蘋果放上磅秤，指針指向275公克。

「只要切開富士蘋果，取240公克來用就行了。我想這麼一來應該不會出太大的差錯。」

真不愧是脩同學！看見我露出崇拜的眼神，脩同學得意地笑了笑。

桔平同學比照紅玉的份量，用菜刀切下240公克的富士蘋果。可是切到一半，突然想到什麼似地歪著腦袋說：「咦？那果核的部分呢？」

「啊，還得扣掉紅玉的果核部分。」

如果連不用的部分都加進去，份量就不對了！

「重來吧！扣掉紅玉的果核部分。」倏同學冷靜地回答。

什麼，又要從頭來啊？桔平同學忍不住抱怨，但隨即調整好心態，切開蘋果，取出果核。

倏同學仔細地秤重。「果核的重量為20公克。也就是說，扣掉果核的重量為220克。富士也要配合這個重量。」

把蘋果切塊，放在磅秤上，將紅玉與富士調整至相同的重量。

「好像在做理化的實驗啊。」

百合同學說道，大家都點頭附和。

「可是卻沒有平常上課的感覺。」

「嗯，很開心！」

大家的反應讓我忍不住笑逐顏開。

能夠讓大家理解理化的樂趣，我覺得好開心！

接著，大家同心協力，

實驗！理花的算數講座

紅玉的代表重量……居然能想到算出「平均值」的方法，脩同學真是太厲害了！大家都在課堂上學過計算「平均值」的方法吧？

平均值＝合計÷個數

把所有的重量加起來，再除以全部的數量。

「平均值」的計算可以使用在生活中的哪些地方呢？

挑戰計算問題！

今天要開同樂會！大家一起分享點心吧。各自帶來的點心是……

4個

百合
5個

脩
3個

如果想平均地分給3個人，每個人可以分到幾個點心呢？只要能計算出「平均值」就知道啦！

答案在下面↓

4＋5＋3＝12個　12÷3＝4／每個人可以分到4個點心。

調整蘋果的份量，放在派皮上，做成比剛才更小一點的蘋果派。

啊，沒錯！昨天做的派，好像就是這樣的大小……**這次肯定可以烤得很好吃！**我內心充滿期待，放進預熱好的烤箱裡。

我們忐忑不安地等了二十分鐘，周圍瀰漫著香香甜甜的氣味，讓大家的興奮、期待來到最高潮！

「準備要打開了。」由宇戴上隔熱手套，打開烤箱門，小心翼翼地拿出烤盤。

所有人的視線都鎖定在烤盤上的蘋果派，大家的眼睛都閃爍著期待的光芒。

「這次一定沒問題！」彷彿還能聽見彼此這樣的心聲。

我當然也滿懷期待，感覺都快要無法呼吸了。

可是——

「……有、有膨起來嗎？」大家都捏了一把冷汗。

「沒有？」

「騙人的吧！為什麼？」

我眨了好幾下眼睛，可是映入眼簾的派皮依舊軟趴趴地貼著烤盤。

怎麼會這樣？如果不是重量——問題出在哪裡呢？

正當我們焦急地不知如何是好時……

「由宇，該準備回家了。」烘焙坊的門打開，由宇爸爸探頭進來說。

什麼!?我大吃一驚，望向時鐘，早已過了下午三點。

真的假的！

「哇，時間到了……」

由宇一臉不知所措，怎麼辦？我們還沒有成功！

所有人都盯著塌陷的蘋果派，悶聲不響。而且——我們甚至連為什麼失敗都還沒搞清楚……

這下子，陷入天大的危機了。

5　夢寐以求的法國——廣瀨蒼空的故事

「這裡就是奶奶的故鄉啊。」

我們來到位於南法的村落，那是個鄉下小村莊，蘋果園一望無際。

我小時候好像來過，當時應該也見過奶奶的弟弟——維克多先生，

但我已經完全沒有印象了。

從機場轉乘電車，好不容易抵達目的地。距離有點遠，但沿途映入

眼簾的景色都是我沒看過的風景，令我興奮極了。

住在維克多先生家隔壁的鄰居——艾薩克先生來車站接我們。我看到卡車上面裝滿了大量的蘋果，他解釋說是因為家裡有一座果園。

抵達時，推開卡車的門，踩在地上，土壤的觸感十分柔軟，還有淡淡的砂糖與奶油的甘甜香味撲鼻而來。我們鑽進由黃色磚塊砌起來的門，庭院相當寬敞。

只見牛在院子裡吃草，後面用石頭搭建的房屋看起來非常堅固，彷彿是在外國電影裡會看到的那種鄉下農家。

「這裡是……」

奶奶令人懷念的臉龐浮現眼前，胸口湧起一陣暖流，一旁的艾薩克先生用支離破碎的日語說：「進去吧！維克多在等你們！On y va」

我忐忑不安地走進烘焙坊，隔壁是貌似店面的建築物，目前沒有開門營業，烘焙坊感覺也沒什麼人在使用。

我猜是因為維克多先生住院不在家，轉頭問爺爺，爺爺搖頭說：「前陣子已經把本店搬到街上了。剛才不是在車站前看到市集嗎？商店還是要開在有人潮的地方，才能吸引客人上門。我們 Patisserie Fleur 離車站有一段距離，所以只有知道的人才會上門光顧，不是嗎。」

聽到這番話，不知為何，內心有些波動。一旁的爺爺已經把圍裙遞過來，我趕緊轉換心情，穿上圍裙。

哇，終於要見到「夢幻甜點」了！

無論學習之路再坎坷，都要撐過去！我在內心充滿鬥志地告訴自己。旁邊正在翻找行李箱的爺爺，突然不解地發出「咦？」的一聲。

「怎麼啦？」

「……日記不見了。」

「日記？」

「……上次不是給你看過嗎？寫著作法的那本日記。」

「什麼！」這可怎麼辦才好？

我不知所措地睜大雙眼，爺爺悠悠地說：「難道是放在家裡忘記帶來了嗎？……蒼空，你的平板借我，我來寫信回家問問。」

因為平常沒有用平板電腦寫信的習慣，媽媽為了讓我們在國外也能使用網路聯絡，這次出國前，事先幫忙設定好了。

只見爺爺以不熟練的動作操作平板，疑惑地側著頭說：「咦？有人寄信來。」

爺爺點開電子郵件，臉色突然大變。

「爺爺，怎麼了？」

「……沒什麼。蒼空，你先去把工具拿出來，我還有其他的準備工作要處理。」

爺爺交代完之後，神色有些倉皇地跑到屋外，開始用法語跟艾薩克先生交談。

哇，爺爺好厲害！還會講法語。我一個字也聽不懂，只好無可奈何地開始準備工具。整整齊齊地擺放在架子上的工具，因為長期無人使用，全都蒙上一層薄薄的灰塵。

嗯，除了調理盆和打蛋器……還需要什麼呢？

「傷腦筋……我根本不知道要做什麼，到底該如何準備啊？」

除了緊張、興奮外，還有一點恐懼的心情，感覺很不可思議，我還是盡量先準備了平常使用的工具。像是量杯、量匙、秤、溫度計、鍋子和擀麵棍……等等。

準備完成時，爺爺也回來了，手裡拿著一本陳舊的筆記本。

「還好維克多有留下來。」爺爺雖然笑著說話，但我總覺得他的表情像是有心事。

「發生什麼事了？」

「沒事，只是突然出了點緊急狀況，你專心做甜點就好。你也想快點學會『夢幻甜點』的作法吧？拖拖拉拉的，可能要花上好幾年。」

「什麼！**直接挑戰『夢幻甜點』**嗎？」

「不然呢？蒼空，你來這裡是為了什麼？」爺爺傻眼地反問我。

「不是啦，我還以為要先經過什麼**地獄特訓**。」

「地獄特訓啊……如果你想先經過這一關，倒也不是不行。」

「不用了！請直接教我『夢幻甜點』的作法！」

總覺得哪裡不太對勁，但我馬上繃緊神經，拿出筆記本。這本「殿堂級的食譜筆記」是理花送給我的生日禮物，為了徹底學會作法，我要仔細記錄在筆記本裡面，免得忘記，這也是為了遵守與理花的約定！

「夢幻甜點……將來一定要做給我吃！」理花的聲音迴盪在耳邊，給了我力量。**我一定會努力讓理花吃到「夢幻甜點」！**

雖然我卯足了勁，但拚命了一個小時之後，還是忍不住叫苦：「好累啊！我不行了。」

「這麼快就投降啦？你平常的氣勢到哪兒去了？」爺爺故意取笑我。

我筋疲力竭地擀著桌上的麵團……問題是，麵團的大小相當於一整張桌子。重量約1公斤！而且那張桌子大得十分誇張，大概有Patisserie Fleur烘焙坊的作業台兩倍大！「**這是什麼苦刑？**好累……好累啊！」

「別抱怨了！這是一定要經歷的過程。喂，那邊有破洞！」

話雖如此，但這個大麵團就算是大人來動手，也會累得受不了吧！

只是爺爺一直待在另一張桌子進行別的作業，根本沒空理我。

好不容易擀完麵團，我已經累得全身無力。

「擀好之後，接下來讓麵團靜置變乾吧。」

「等麵團乾？」

「這個季節大概需要一個小時吧。」

「要等這麼久……這段時間不就沒事做了。」

可以休息雖然開心，但我最討厭等待的時間了，因為非常無聊！

聽我這麼說，爺爺不懷好意地笑了。

「想得美，還有很多事要做呢！不要浪費等待時間，我們去幫忙採蘋果吧！」

「什麼!?」這完全是體力活！

爺爺說完就提起籃子，跳上艾薩克先生的卡車。

艾薩克先生果園內的蘋果紅通通、小小顆的。大小跟日本賣的蘋果差好多，而且皮看起來很薄，也比較硬。

我一面請教他關於蘋果的特徵，一邊動手採下一顆顆的蘋果。

好……好累啊！

桔平同學說他常去爺爺的果園幫忙摘蘋果，難怪他的力氣那麼大。摘了快一個小時，籃子也差不多裝滿了。

「休息一下吧！很好吃喔！」艾薩克先生遞給我一顆用布擦乾淨的現摘新鮮蘋果。

大口咬下，「哇，味道完全不一樣！」嚇我一跳。好甜好甜！下一秒，芬芳的香氣迎面而來，好好吃！

咦？可是好像少了點什麼。總覺得跟平常吃的日本蘋果，有著重要的關鍵差異。到底是什麼呢……我想了一下，但什麼也想不出來。

這時候要是理花在就好了……想起理花，我有些感傷。腦海中又浮現出臨別之際，理花一臉傷心的表情。

每當想起她的表情，就會覺得自己好像做了什麼天大的錯事。要是她也能一起來就好了。但法國可不是想來就能來的地方，要花很多時間和金錢，護照也不是要辦就能馬上辦好。還得向學校請假，想也知道她的爸爸媽媽不可能輕易答應……我不能為理花帶來那麼大的負擔。

內心忽然感到沉重，我用力地吸一口氣。瀰漫著香甜的空氣，瞬間吹走胸口的烏雲。抬頭仰望天空，嗯！我得趕快學會作法才行。

只要做出「夢幻甜點」給理花吃，肯定能讓她重拾笑臉。

「好了，回去吧。」艾薩克先生抱起一整籃蘋果，放上卡車。我連忙跟著跳上卡車，深怕不小心被拋下。

回到烘焙坊，麵團已經乾得差不多了。

「很好，乾得恰到好處呢！這種半乾的狀態最好處理了。」

爺爺說完，便切開整張桌子大小的麵團，放進鐵製的模型，再塗上大量的奶油。

「好像餃子或春捲皮……」我小聲地說著，因為麵團看起來變成白白一片。

「你眼睛真尖，其實也可以用餃子或春捲皮來代替，因為材料差不多。在日本要做這個可不容易，所以在日本的時候都用春捲皮代替。」

「真的假的!?既然這樣，一開始就用春捲皮來做，不就可以了嗎？差點沒把我累死……」

「沒吃過道地的味道，就不曉得真正的口感如何。如果將山寨品一再複製的話，風味只會越來越差。」

爺爺笑咪咪地說著，一邊動手把麵團一層一層疊起來，塗上奶油。

直到疊了好幾層之後，爺爺開始倒入滿滿的酒，幾乎都要溢出來了。

「哇……好濃的酒味！」

獨特的濃烈味道，光是用聞的，感覺就要醉了，我不禁苦著一張臉。

「因為這是大人的甜點啊，蒼空，幫我切蘋果。」

大人的甜點？我一頭霧水地照著爺爺的吩咐，將蘋果切成薄片。

「要放上去嗎？」

「不用，要用砂糖炒。」爺爺說完，就在鍋子裡倒入蘋果、砂糖和奶油，開始拌炒。

好甜的香味，蘋果逐漸變成咖啡色，我發出「啊！」的一聲。

「這是焦糖化？還有梅納反應！」

「咦？你怎麼知道？」

「上次暑假的自由研究。」

爺爺笑了。「和理花一起做的研究嗎？你真的受到理花很多照顧呢，你們是最佳拍檔。」

「嗯，所以我一定要讓理花吃到這款『夢幻甜點』！」

「這樣啊……可是……」爺爺露出有些複雜的表情。

「可是什麼？」

「沒什麼……等她吃了之後再說吧。」爺爺嘴裡念念有詞，露出難以言喻的表情，但很快就恢復正常。

「接下來只要把這個放上去烤就行了。」

「太棒啦！」

放入烤箱，等上二十分鐘左右。烘焙坊裡充滿香香甜甜的味道和酒的香氣，我滿心期待地守在烤箱前面。

「烤好了，馬上帶去醫院吧。」

我還沒看清楚烤好的成品，爺爺就不由分說地將點心裝進保溫袋裡。

「等、等一下啦，這是我第一次看到『夢幻甜點』啊……」

結果居然連一眼都不給我看，真是沒道理。

「去醫院？我們不先試吃嗎？」

無視我的大聲抗議，爺爺頭也不回地走出烘焙坊。

「這是為了維克多烤的點心，當然是要先送給他吃啊。」

是這樣沒錯啦……不過也沒必要這麼急吧？但我還是急忙地跟上。

大概是之前已經先拜託好了，艾薩克先生特地開車過來載我們去鎮上的醫院。躺在病床上的老爺爺長得很像奶奶，有一雙藍眼睛和夾雜著白髮的紅頭髮。

哇！簡直跟奶奶一模一樣！不過體重大概是奶奶的兩倍。這個人就是維克多先生，絕對不會錯！

「Bon、Bonjour……」我用唯一會的法文單字問好。

「蒼空嗎？你已經長這麼大啦！」對方用日語跟我說

話，嚇了我一大跳，而且他的日文好流利！

「很好！眼神十分坦率，你別理明良了，來當我的徒弟吧。如果想成為甜點師傅，還是來法國學習比較有前途喔！」

豪爽的維克多先生跟我打完招呼後，劈頭就開始「挖角」。順帶一提，明良是我爺爺的名字。

看我只是傻傻的發楞，維克多先生笑著說：「你好安靜，這點跟明良一模一樣！我一開始還以為明良是『忍者』呢！哈哈哈！」

忍者？這個人真的是病人嗎？……他看起來非常有精神呢。

「維克多，見到你這麼有活力真是太好了，看來我根本沒必要跑這一趟嘛。」爺爺說道。

「是大家太誇張了。」維克多先生笑容滿面地點頭回應。

「Non non！現在氣色看起來是好多了，但前幾天真的很危險啊。要是放著不管的話，真不知道會出什麼事，幸好來得及動手術。」

艾薩克先生說得好嚇人。維克多先生卻不以為意地聳肩，問爺爺：

「話說回來——你有帶那個來嗎？」

「啊，差點忘了——瞧我這記性，想說趁著出爐、熱騰騰的帶給你吃，剛剛還急著出門，結果見面聊起天，東西都放到冷掉了！」

爺爺取出放在保溫袋裡的點心，表面還散發出熱呼呼的蒸氣。

剛才來不及仔細看，這次一定要好好地觀察，我的內心充滿了興奮與期待。

可是……我困惑地側著頭，忍不住小聲低語：「這就是……夢幻甜點？」

聽見我的問題，爺爺苦笑著說：「這是『Tourtiere』，餡餅的意思。」

「餡餅……？」

「這可是最偉大的甜點！」維克多先生說完，便立刻咬下一口，口中發出酥脆的聲響，然後大呼「délicieuse」看他眉開眼笑的樣子，彷佛真的吃到了人間美味。

離開醫院，在回程的路上。爺爺先安撫「只想要快點回去吃點心」的我，接著帶我一起前往位於山丘上的廣大墓地。

「這裡是……」

十字架底下有塊切割成四方形的石頭，以五顏六色的石頭裝飾而成的墓碑上面刻著「Fleur Hirose」的名字。

這是奶奶的墓地。

「奶奶……」

爺爺從籃子裡取出一塊餡餅，再拿出一顆蘋果，輕輕地放在墓碑前。

「抱歉啊，已經冷掉了，因為我剛才先送去給維克多。」爺爺說道，神情肅穆地雙手合十，面向墓碑。

我也模仿爺爺，雙手合十。雖然覺得對著十字架擺出合十這個姿勢有點怪怪的，但既然爺爺都這麼做，應該沒什麼大問題吧。

過了片刻，爺爺才站起來。開口說：「這裡可以將奶奶喜歡的景色盡收眼底。」

墓碑的對面是懸崖，底下有大河流過，河對面是一片農田及牧草地。隨處可見牛和馬，空中有鳥飛過，綠色的水平線無邊無際地延伸——這裡是奶奶的故鄉。

雄偉的景色令我內心大受震撼，爺爺則是一臉懷念地坐在墓碑旁邊的岩石上。

「難得來了，我想在這裡跟奶奶一起吃。」我開口提議。

爺爺點點頭，從籃子裡拿出切好的餡餅，分給我一塊。

終於，終於可以開動了。想到這一點，心中激動不已，手都要發抖了，甚至覺得有點捨不得吃。

不僅如此，一直追求的「夢幻甜點」這個目標總算達成了……總覺得好像會消失不見，有點害怕。

「你要記住，它是這片土地孕育出來的風味。」

「土地孕育出來的風味？」

「任憑我再怎麼努力，光靠我的本事也無法創造出這個風味……儘管如此，妳還是很喜歡。」

妳？我滿頭問號。

可是當我發現爺爺看的不是我之後，恍然大悟。

爺爺的手放在墓碑上，視線望向遼闊的景色。這是……他並不是在跟我說話吧？

「我沒打算停滯不前……但自從妳走了以後，我好像失去了目標，想不起來能讓我高興的事——不過，我現在又想起來了。」

爺爺輕撫著墓碑，咬下一口手中的餡餅，充滿緬懷之情地瞇起眼睛。

「嗯……還是老樣子，很好吃。」

我也小心翼翼地將「夢幻甜點」——餡餅放進嘴裡。點心還有一點熱度，味道在口中擴散開來的同時，眼底浮現奶奶的笑臉。

我想起大家一起為奶奶慶祝生日，我和由宇唱生日快樂歌，奶奶開心地笑瞇了雙眼。有如電影般在腦海中播放的畫面，看得我兩眼發直。

畫面靜止後，殘留在口中的餘味，卻令我目瞪口呆地喃喃自語：

「……這是……怎麼回事？」

6 — 由宇的任性

我被弄迷糊了！明明重量一樣，也完全按照食譜做。為什麼還是失敗？而且時間到了，由宇必須離開，這下子，真的陷入絕境了嗎？

然而，就在這個時候……

「我不回去！」由宇小聲地喃喃自語。

什麼？我嚇了一跳。其他人也都露出驚訝的表情，目不轉睛地看著由宇。

由宇一臉固執的樣子，定定地凝視著地板。

「啊？這孩子在胡說什麼……」由宇爸爸無奈地嘆氣。

「任性也該有個限度，我們早就該回去了。因為颱風耽擱幾天，如果再不回去，媽媽會大發雷霆的。」

由宇抬頭，目光炯炯地說：「現在離開的話，我等於什麼忙都沒幫上！爸爸也知道的吧？**為了蒼空，無論如何我都得做出蘋果派才行！**」

由宇說完，推開父親，衝出烘焙坊。

「由宇！等一下！」由宇爸爸趕緊追出去。

留下我們幾個人面面相覷，回神後也跟著追了出去，可是已經看不到由宇的背影了。

「不見了……跑去哪裡了？我想應該走不遠才對。」由宇爸爸一臉疑惑地回頭看我們。「你們知道由宇可能去哪裡嗎？」

我們想了一下，只能想到：「會不會是公園？」

由宇爸爸立刻奔往公園的方向，我們也跟了上去……可是由宇並不在公園裡面。

「唉……這下子該怎麼辦才好，再不出發就趕不上新幹線了……」

由宇爸爸滿臉擔憂地唉聲嘆氣。

我們也不知所措地左顧右盼，我做夢也想不到由宇竟然這麼衝動。

「真拿這孩子沒辦法……只好改搭下一班了。」由宇爸爸看著智慧型手機，小聲地嘀咕著。

「叔叔再去新家那邊找一找，你們也差不多該回家了。」

由宇爸爸丟下這句話之後就離開公園，剩下我們一群人大眼瞪小眼，誰也說不出「回家吧」這種話。於是，大家紛紛提出各自的意見。

「我們也幫忙一起找吧。」

「可是……由宇會去哪裡？」

「啊！對了，我們不是曾帶著由宇參觀鎮上環境嗎？」百合同學說道。其他人這才反應過來，我們決定去之前向由宇介紹過的學校和商店街找人。

可是找了半天也找不到由宇。「到底跑到哪裡去了……由宇在這裡沒有朋友，已經沒有地方可去了吧？」

正當大家一籌莫展時，脩同學突然語出驚人：「不，還有一個地方。」

「哪裡？」我側著頭反問。

脩同學莞爾一笑：「那傢伙還有一個地方可去！我們走！」

脩同學口中說的地方——居然是我家！

「脩、脩同學，為什麼是我家？」

「介紹街道時，我們大家不是曾經路過這邊嗎？所以那傢伙應該知道這裡是理花家。」

啊，有道理！

「可、可是，就算是這樣，由宇也不見得會來這裡——」

話還沒說完，就看到由宇無聲無息地坐在我家門前的台階上。

「啊！理花！妳回來啦！」

「由、由宇!?」

「不可以任性啦！新幹線快開走了！」百合同學口氣有點兇的勸說。

可是由宇也不退卻：「我才不要半途而廢！大不了趕最後一班新幹線回家嘛。」

由宇的雙眼熠熠發光，那樣子簡直跟野生動物沒兩樣，看得我暗自心驚。脩同學見狀，嘆了一口氣說：「雖然你真的非常任性……不過也不是不能理解你的心情，半途而廢確實讓人不舒服。」

脩同學的話讓大家感到意外，因為這番話等於是在幫由宇說話。他們的關係不是很差嗎？

脩同學直勾勾地盯著由宇看：「話說回來，接下來該怎麼辦呢？總

不能一直跑吧？」

「現在不能回烘焙坊，要是被我爸爸或蒼空的媽媽發現，他們一定會強制把我送回家。」

「可是不去烘焙坊，就不能繼續做蘋果派了。」百合同學和奈奈憂心忡忡地互看了一眼。

桔平同學建議：「去我家吧，我家還有很多蘋果。」

「可是你家沒有工具吧？也沒有烤箱。誰家有烤箱？還有什麼地方可以做呢？」由宇問道。

「嗯……我家不行，我姊姊會碎碎念。」百合同學搖頭說：「而且我家的廚房很小，並不適合。」

脩同學接著說：「我們家也很小……」

「基本上，應該沒多少地方能像烘焙坊一樣，有製作蘋果派的空間和器材吧？」

桔平同學和奈奈愁眉苦臉地說出結論。

我們家……？上次百合同學來做水果寒天時，只有兩個人，所以沒問題，但這麼多人應該也塞不下。

「再說，如果回家，家裡的人都會詢問由宇是誰吧？」百合同學說到重點，大家馬上都說不出話來了。

說、說的也是，回家就必須向大人說明由宇的事了。這麼一來，大人可能會告訴由宇爸爸。到底該怎麼辦才好？

能容納這麼多人，而且能瞞著由宇爸爸，還能做蘋果派的地方……

我靈機一動。啊！想到了——我和蒼空同學的「實驗室」。

實驗室的空間夠大、工具也一應俱全，如果不夠的話，再從家裡拿來就可以了。雖然設備不像烘焙坊那麼齊全，但也有烤箱，製作蘋果派應該沒問題。

而且不用跟媽媽打照面，自然也不用解釋由宇的事，看來是最理想的地點。可是——我偷偷地打量所有人一眼。

如果要帶大家去實驗室，就代表著必須向大家解釋我們平常在那裡做什麼……也就是說，**大家就會知道我和蒼空同學的祕密實驗。**

一旦知道我和蒼空同學的祕密實驗，大家可能會說：「蒼空同學為什麼要和理花這種人做實驗？」光是想像就令我全身精神緊繃。

注意到我全身僵硬，百合同學有些擔心地看著我的臉說：「理花同學，妳怎麼了？」

我下意識地掩飾自己的緊張，連忙解釋：「沒什麼事……」

可是，這樣真的好嗎？另一個「我」覺得過意不去，畢竟現在是特殊情況，我們需要一個可以製作蘋果派的場地。

冷不防，我想起百合同學答應來幫忙時說的話。「別再說『我這種人』了，因為是理花同學，我才會幫忙的！」

我心想，如果是百合同學，一定不會說出「蒼空同學為什麼要和理花這種人做實驗」這種話吧？脩同學肯定也不會。

奈奈和桔平同學呢？桔平同學確實有可能會調侃我們，但也可能不會。由宇，應該也不會吧！只要好好地說明我們是在做實驗，相信沒有人會嘲笑我！

不要緊，一定不要緊的！我深深地吸了一口氣說：「可以用……可以用我家的『實驗室』。」

聽到我這麼說，大家都一臉狐疑地反問：「實驗室？」

我嚥了一口口水：「大家請跟我來。」我帶著大家向院子裡的實驗室走去。

撲通、撲通……感覺心臟跳得好快、喉嚨好乾。

推開實驗室大門的瞬間，大家都在我身後倒抽了一口氣。「這裡是什麼地方啊？好壯觀！」

我回頭跟大家解釋：「那個……嗯，說實話……我從以前就一直跟蒼空同學在這裡做實驗。」

「實驗？不是做甜點嗎？」

我從包包裡拿出「殿堂級實驗筆記」，打開筆記本，放在作業台上給大家看。

「餅乾、鬆餅、卡士達醬、還有無法凝固的果凍？」

「啊，這是上次夏日廟會做果凍冰的實驗！」

所有人都露出匪夷所思的表情看著我。

「那個，我……」我用力深呼吸，從蒼空同學為了讓爺爺收自己為徒，製作了餅乾、鬆餅、卡士達醬的原由開始講起。在幫忙的過程中，我也想做出「殿堂級實驗」，於是陪他一起製作甜點。

雖然我說得支支吾吾、詞不達意，但大家都很認真地聽我說話。好不容易解釋完整件事之後，我忐忑不安地觀察大家的反應，感覺心臟快要從嘴巴裡跳出來了。

沒想到——

「什麼嘛！我就覺得妳和蒼空同學之間好像有什麼事情在進行，果然沒猜錯！」

「理花同學真是太低調了！」百合同學和奈奈說完，相視一笑。

只有脩同學一臉不滿地說：「你們做了好多實驗啊……看來明年的自由研究，我如果不拿出真本事的話，可能會輸給你們……」

「實驗啊……明明不是學校出的作業，你們真的好厲害呀。啊，你們平常就一起做實驗的話，難怪會那麼有默契。」

就連原本讓我有點擔心，怕他會拿這件事開玩笑的桔平同學也瞪大雙眼，佩服得五體投地。看樣子大家並沒有要取笑我、瞧不起我的意思，我感到如釋重負，同時也覺得「果然沒錯！」

幸好我選擇相信大家！

最後……我抱著惴惴不安的心情，戰戰兢兢地望向由宇的方向。

「你們做太多實驗了吧……連這次的蘋果派也算進去……已經是第六個？這麼認真的話……不可能了……」由宇不甘心地自言自語。

因為她的聲音太小了，我聽不清楚，但是看起來好像沒有不高興，我鬆了一口氣。

「啊，總覺得……一直故意跟妳計較的我，實在是蠢透了。」由宇嘆了一口大氣。

「太麻煩了，我放棄！」由宇說道，揉亂了自己的瀏海。

是我的錯覺嗎？感覺由宇的表情和氣氛好像變得有點不太一樣，我困惑地猛眨眼。

「太好了。啊……突然覺得神清氣爽！」

神清氣爽？

倏同學看到這樣的由宇，笑得合不攏嘴。我望向百合同學，她也詫異地看著由宇，然後喃喃低語：「嗯，果然是這麼回事……我當時就覺得好大啊。」

百合同學的視線從由宇的臉上移開，目不轉睛地看著自己的手。是我的錯覺嗎？總覺得百合同學的臉突然變得有點紅。

咦，為什麼會臉紅？

「果然」是什麼意思？「好大啊」又是什麼意思？唯獨我有如丈二金剛摸不著頭腦，這是怎麼回事？

「理花同學，這裡真的可以給我們使用嗎？」由宇有點不放心地說。

「對妳來說，這裡是很重要的地方吧？」

當然是很重要的地方，這是只屬於我和蒼空同學的祕密實驗室。因為太重要了，不希望受到破壞，所以我很害怕，不敢告訴任何人。

可是，如果是這些人，一定沒問題。

他們絕不會破壞這個地方，我相信他們！

「如果是為了蒼空同學、為了Patisserie Fleur，可以和大家一起使用的話，我也很高興。」

「我明白了。」由宇咧嘴一笑。

那一瞬間，我彷彿在由宇臉上看到蒼空同學的表情，突然感覺心裡小鹿亂撞。哇……不愧是親戚，真的好像！這、這是怎麼回事，我居然有點臉紅心跳……

「沒時間了，趕快來做吧。」差點忘了最重要的事，我著急地說。

然而，就在這個時候。

「由宇！」門發出砰然巨響打開了。

我嚇了一大跳，回頭看，由宇爸爸就站在門口。

「哇，爸爸？你怎麼知道這裡——」

「我問了蒼空的媽媽！她說你可能會去理花家，因為蒼空經常來理花家玩。」

啊，原來如此！蒼空同學常來的話，蒼空同學的媽媽不可能想不到！

嗚，沒想到這麼快就被發現了！

「回去吧。」

「不要！再等一下嘛，爸爸，拜託。」

「別再任性了！明天還要上學呢！」

由宇不甘示弱地瞪著父親：「爸爸也知道爺爺的店遇到大麻煩了，不是嗎？您難道不想為爺爺做點什麼嗎？」

可是由宇爸爸四兩撥千斤地說：「我已經告訴爺爺了，他叫我們不用擔心，剩下的事交給大人來處理。」

「我才不要半途而廢！爸爸不是常說，做事情不可以半途而廢，一旦決定了，就要堅持到最後嗎？只要搭最後一班新幹線回家，就能趕得及明天早上去學校。」

「嗯……」

「更何況！受損的蘋果要是放著不管會全部壞掉，爸爸之前也曾經說過：『**不珍惜食材的人沒資格當廚師！**』這些話，我都記在心裡！」

「可是……」

即便如此，由宇爸爸仍然不肯輕易點頭。

「不信你看——」由宇拿出一個東西，不知道她是什麼時候帶在身上的，是剛才做失敗，派皮沒有膨起來的蘋果派。

「我用了整個連假，好不容易做到這一步。只要讓下層的派皮膨起來，蘋果派就大功告成了！要是我半途而廢，理花他們一定也會很困擾的！我想完成自己的任務，這才不是任性！」

由宇爸爸聽了這話，驚訝地看著我們：「由宇不在，你們會很困擾嗎？為什麼？」

他的反應很自然，由宇爸爸覺得很不可思議，是因為我們跟由宇才剛認識。他應該很難想像，我們居然要齊心協力保護一家店。

可是這兩天，我們大家已經產生很深刻的默契和感情了。我對這點深信不疑，開口向由宇爸爸懇求：「求求您，再給我們一點時間。我們無論如何都需要由宇的幫助。」

百合同學、奈奈同學、脩同學、桔平同學也接著說：「求求您。」

「嗯……」由宇爸爸一臉不知該拿我們如何是好的表情，他想了一下，然後看看時鐘，嘆了一口氣。

時鐘的短針指著下午五點。窗外的天色已經暗下來。

「……我確實說過做事不可以半途而廢，也說過要珍惜材料，丟下這個半成品的派皮不管，我也會感到良心不安。」

由宇爸爸拿出手機，低頭不知道在查什麼，轉身對由宇說：「我們改搭晚間九點的新幹線，所以八點一定要離開這裡。換句話說……你們只剩下三個小時。」

我們望向彼此，**還有三個小時！**

「太好了！還有三個小時的話，說不定能想出解決辦法！」

「是一定要想出解決辦法！」

這時，有個聲音插進來對興高采烈的我們潑冷水：「已經五點了，大家該回家了。」是我媽媽的聲音，只見媽媽露出無可奈何的表情。

「啊！」沒想到會殺出這個程咬金，所有人都傻眼了。

五點是該回家的時間了！可、可是！媽媽，拜託您，別來阻撓我們！

我驚慌失措地看著媽媽，媽媽微微一笑，對著大家拿出自己的手機。

「如果還想繼續的話，就得先徵求家人的同意！」

大家都鬆了一口氣，各自打電話回家報備。然後再把電話交給媽媽，由媽媽說明事情的原委，總算順利取得全體家長的同意。

製作蘋果派的後續——夜晚的甜點製作實驗開始了。

7 夜晚的實驗室

嗯……蘋果派的實驗做到哪裡了？

雖然我們有想過是不是乾脆回 Patisserie Fleur，但實在是沒有時間了，決定直接在實驗室作業。

倚同學和奈奈從袋子裡拿出新買的派皮解凍；桔平同學用最快的速度跑回 Patisserie Fleur 拿蘋果，並為紅玉和富士分類；由宇和百合同學則負責清洗要用的工具。

大家分頭進行準備，我分到的工作是——思考，也就是整理截至目前的步驟。我回想起最後的狀況，蘋果的重量依種類而異！但我們已經改用相同重量的蘋果試過了，然而蘋果派還是沒有膨起來。

這到底是為什麼呢？

我看著整理在筆記本裡面的資料，可是拚命想破頭也想不明白，真是令人苦惱。

「昨天用的確實是紅玉蘋果吧，今天是富士蘋果。」

正從紙箱裡拿出蘋果的桔平同學突然停手，目不轉睛地看著紅玉蘋果，小小聲地說：「這麼說來，印象中爺爺好像說過。**紅玉很適**

合做蛋糕。」

「什麼？」我的胸口掀起波瀾，心跳越來越快。

提示就藏在這裡——好像有人正在我耳邊提醒。

「紅玉很適合做蛋糕？這句話是什麼意思？」我下意識地湊近逼問桔平同學。一口氣縮短的距離，嚇得桔平同學露出有些膽怯的表情，隨即意識到我的問題很嚴肅，他也立刻換上認真的表情回答：

「嗯……說實話，我也不太清楚，不過蛋糕店採購的蘋果通常都是紅玉品種。」

「這樣啊……到底為什麼呢？」

「桔平，加油。桔平是蘋果的專家呢！應該知道有什麼差別吧？」

在奈奈的鼓勵下，桔平同學「嗯……」地陷入沉思。

「紅玉口感比較酸，但果肉比較結實。富士蘋果單獨吃的話，比較香甜多汁，水分會在嘴巴裡一口氣炸開……」

聽到這裡，我突然想起白天切蘋果時的觸感。紅玉的橫切面乾乾的，富士的橫切面被果汁弄得濕答答。

兩者之間的差別在——水分！

中午回家吃的吐司不經意地閃過我的腦海。當時只有沾到蛋液的部分無法上色，也烤不出脆度，還軟趴趴的！

因為吐司浸到蛋液變濕了，需要用更多時間烘烤才行！

同樣的道理……「我知道了！」我忍不住大聲嚷嚷。

「水分比較多的部分不容易烤乾，因為弄濕的派皮濕答答的，所以不能用相同的方法來烤！」

大家的眼神都閃爍著光芒。「問題是，該怎麼做才好？」

我的視線在空中遊移，想找出解決方法。可惜一時間想不出什麼好辦法，該怎麼做才能避免派皮被弄濕呢？究竟該怎麼做才好？

感覺好像想到什麼了，可是又說不上來是什麼，只能「嗯、嗯」地念念有詞。大家好像也跟我一樣，只有時間無情地流逝，我開始變得很焦慮。

我抓住帽T的繩子、百合同學抓著頭髮、奈奈抓著緞帶、桔平同學抓著手指、脩同學抓住眼鏡，大家都感到束手無策。

這時，在一旁把玩著抹布的由宇，順手擦掉滴在作業台上面的水時，突然「啊」了一聲，抬起頭來。

「只要用東西把水分吸收掉不就好了？」

「什麼東西？」

在大家的注目下，由宇東張西望，拿起放在流理台上的海綿。

「像是這塊海綿的東西。」

「什麼？要把海綿放進去嗎？」桔平同學不敢置信地大喊，大家見狀都笑了。

但是由宇一臉認真的說：「當然不是啊，海綿又不能吃。只不過……我想起爸爸製作漢堡排時，有時候會另外加入**麵包粉**，我問他為什麼，他說『這是海綿』。」

說著說著，由宇的臉色越來越閃亮。「對了。就像吸收肉汁那樣，用麵包粉來吸收果汁就好了！」

「麵包粉？」我趕緊回家跟媽媽要麵包粉。可是媽媽說：「不好意思，剛好用完了！」我失望透頂地回實驗室向大家報告。

「要現在趕緊去買嗎？」百合同學提議。

大家看了看時鐘，紛紛搖頭。因為已經下午六點半了。

「八點就要離開這裡的話……時間太緊了。」由宇說道。

只剩一個半小時，沒時間去買了。可是又需要麵包粉……怎麼辦？

與其在這裡煩惱，直接去買回來是不是比較快呢？

當我陷入左右為難時，百合同學突然抬起頭來說：「麵包粉……等一下，麵包粉是麵包的粉吧？也就是說，是用麵包做的粉吧？既然如此，**是不是可以用麵包代替？**我們平常不是會把麵包泡在湯裡吃嗎？」

我們互看了一眼，麵包粉和麵包。有道理，把麵包浸泡在湯裡，麵包確實會吸飽湯汁，變得軟趴趴。

啊，對了！就像法式吐司！

法式吐司也是把麵包浸泡在蛋液裡，讓麵包吸收蛋液！我們家應該還有吐司！

「有些漢堡排用的也是麵包，不是麵包粉呢！聽說那樣也很好吃。」由宇幫腔。

「聽起來很值得一試，雖然形狀不一樣，但我覺得成功的可能性很高。」脩同學也幫忙敲邊鼓。

大家互相看著彼此，很有默契的點點頭。**萬一失敗再想別的辦法就好了！**

我回家跟媽媽要了吐司。我們把吐司切碎，放在派皮上。然後再擺上蘋果，接著只要依同樣的步驟蓋上派皮，放進烤箱即可。

緊張萬分地等待烤箱發出烤好的聲音。

這、這次一定要成功！

「膨起來了！」

「真的嗎？」

取出蘋果派，由宇負責切開，只見蘋果下面的派皮也烤得酥酥脆脆！

「哇，成功！太棒了！」

大家各吃了一口。「麵包的部分入口即化，而且有蘋果的味道！」

「味道和昨天不太一樣！但是香甜多汁又好吃！好厲害，這麼一來兩邊都很完美！」

「如果是這個一定能大賣！」大家七嘴八舌地叫好。

成功！雖然只有我們，還是完成了！

我內心充滿期待與如釋重負的複雜感覺，這下子就能守住與蒼空同學的約定了。

「好好吃！」

對吧！大家感動的歡呼，我也點頭如搗蒜，把蘋果派送入口中。

同一時間，牆上的時鐘不偏不倚地指向晚上八點。

「咚咚！」有人敲門，由宇爸爸眉開眼笑地探頭進來。

「由宇，這次真的要回家啦。」

聽到這句話，由宇大大地深呼吸。「好！既然蘋果派順利完成，我要回大阪了，剩下的就交給你們！」

「啊啊啊！好可惜！」百合同學遺憾地叫道。

我雖然沒有出聲，但心情跟百合同學一樣。更準確地說，是我沒有信心。因為……我希望在客人被新開的店搶走前，能夠盡快開店，可是蘋果派只成功了一次。

萬一再次失敗怎麼辦？而且還得思考要怎麼賣。在這種情況下，少了由宇這位烹飪專家，真的沒問題嗎？

雖然這也是沒辦法的事……就像蒼空同學丟下我去法國的時候一樣，感覺我又變成孤零零的一個人了。

我用拚命挽留的眼神盯著由宇，她先是微微一笑。然後突然以粗魯的語氣說：「理花妳呀，**是不是又想著要一個人扛下所有的事啦？**」

又被說中了！看見我的表情僵在臉上，百合同學氣鼓鼓地轉過頭來。

「理花同學，我們也要幫忙啦！」

「就是說啊，妳太見外了。」奈奈和桔平同學也齊聲說。

「真希望理花同學能多依賴我一點啊。」脩同學也笑著說。

「應該說，這麼開心的事——她居然想一個人獨占，是不是太狡猾了？」由宇起鬨徵求大家的同意。

「嗯，太狡猾了！做實驗真的好開心！」

「我還想做！」

「我也是！」大家爭先恐後地笑著說。

「好開心」這三個字和大家陽光般的燦爛笑臉，讓喜悅源源不絕地湧上我的心頭。對、對呀，真的好開心呀。

大家也覺得理化很有趣，跟我一樣覺得很開心，沒想到居然能跟大家擁有一樣的心情！

三年級聽到別人說我很「奇怪」時，受傷的傷口已經慢慢地癒合了。發現內心的傷痕正慢慢地淡化消失，我突然覺得好想哭，望向由宇，由宇微微揚起嘴角，滿意地笑了。

「看吧，這些人才不會丟下妳這傢伙不管呢。我也是喔，看到妳這麼努力……雖然很不服氣，但也只能認同妳了。所以說——妳要更有自

信一點。」

沒想到由宇居然會主動開口鼓勵我，真是令我受寵若驚。

咦，由宇剛才是不是說她認同我的努力了？

胸口湧起一陣暖流，雖然很感動……可是？「妳這傢伙？」

這麼說來……我記得由宇之前講話的語氣是不是更柔和一點？還有還有，該怎麼說呢？好像也不再出現不可一世的表情……看見我一頭霧水，百合同學不可置信地看著我。

「等等，難不成，理花同學還沒發現嗎？由宇從剛才就沒有要隱藏的意思了。」

咦，隱藏什麼……什麼意思？我疑惑地猛眨眼，大家都笑了。

百合同學、奈奈同學、桔平同學、就連脩同學也露出苦笑。

「連我都注意到了！」桔平同學說。

「我以為桔平還被蒙在鼓裡！話說回來，你之前害羞的樣子真是太丟人了！」奈奈同學假裝生氣地瞪著桔平同學。

倏同學也嘆氣說：「因為這傢伙拚命拜託我，說一定會自己告訴妳，叫我不要揭穿，我還以為妳會先發現……因為從手和肩膀就可以看出來了。

理花同學真是沒救了，妳還好意思說廣瀨遲鈍……」

大家到底在說什麼？發生了什麼事，我完全狀況外！

我完全聽不懂他們在說什麼，感覺真是太令人不舒服了！

眼看只有我被蒙在鼓裡，由宇哈哈哈地朗聲大笑：「太遲鈍了！跟蒼空不相上下！」

跟、跟蒼空同學不相上下？那該有多遲鈍啊？開玩笑的吧！

看到我大受打擊的模樣，由宇笑得更開懷了：「啊！我好期待趕快搬過來啊！」

對了，我都忘了還有這回事。由宇很快就要搬來這裡了！可是……我很意外，也很驚訝。因為蒼空同學都去了法國，已經不在這裡了。既然如此，由宇搬來以後會很無聊吧？

而且我以為她非常討厭我！她為什麼會突然改變心意呢？我覺得很

不可思議。

由宇緩緩開口說：「就像理花之前有過的遭遇，大家也說蒼空做甜點很『奇怪』吧？」

「咦？」我想起以前對蒼空同學說過『好像女孩子』的話，不由得暗自心驚。百合同學等人似乎也想起當時的情況，紛紛露出有點尷尬的表情。

「我也是，當我說我的興趣是烹飪時，也被人說了很多難聽的話。像是興趣是烹飪很『奇怪』，還說我長得很像女孩子，該不會真的是女孩子吧？聽到類似的話，有時候會很生氣，所以很難跟班上同學變成好朋友。可是爺爺奶奶，當然還有蒼空，都說沒關係，我這樣就很好了。還說**不管怎樣，我都是我**。所以每次來這裡玩都很放鬆、很快樂。該怎麼說呢……會讓我覺得只要這邊有人願意了解我，就算在學校過得不開心，也沒什麼大不了的。」

由宇意外的發言令我大吃一驚，同時也在由宇身上看到以前的我，突然覺得鼻子好酸。原來如此，所以她才那麼在乎蒼空同學啊。

只要有人願意了解自己，那個人就足以成為自己的寶物，不是嗎？

我也是這樣，因為蒼空同學理解我熱愛理化的心情，願意接受這樣的我，我才能對自己有信心。

「可是，你們都跟蒼空一樣，所以我很高興，覺得或許能跟大家變成好朋友。」

「嗯！再來一起玩吧！我們也很開心！」桔平同學說，其他人也都很期待的樣子——只有脩同學苦笑著頷首。

我也是，我也想跟由宇變成好朋友……一定能變成好朋友……吧。

咦？等一下——由宇剛才是不是說了什麼驚天動地的話？

我在腦海中慢慢重播剛才的對話，由宇見狀哈哈大笑。

「先這樣啦！我會再來玩的！」由宇豪爽地揮揮手，跟著心急趕車的爸爸一起走出實驗室。

由宇掌心的形狀烙印在我目送她離開的瞳孔裡，感覺有人在我耳邊說，**這就是答案**。

什麼？由宇的手有這麼大嗎？

這麼說來……百合同學好像也說過……好大啊，難道是指她的手？

我側著頭苦思，冷不防，腦海中閃過由宇剛才說的隻字片語。

「像是興趣是烹飪很『奇怪』，還說我長得很像女孩子，該不會真的是女孩子吧？……」

腦子裡蒙上一層迷霧的部分好像拼上了最後一塊拼圖，啊，這句話的意思，難道是——下一秒鐘，我瞪大雙眼。

「啊啊啊啊啊啊——」

由宇……該不會——是男孩子吧!?

怎麼可能！啊，可是由宇和蒼空同學好像從頭到尾都沒說過由宇是女生……也就是說，全部是我自己的誤會？

看見呆若木雞的我終於反應過來，大家都忍不住快笑瘋了。

「理、理花同學變成化石了！好可愛……」

「是不是！不過我明白妳的心情，因為我起初也誤會了！」

正當百合同學和奈奈笑得前俯後仰時，由宇故意帶著一臉「我忘記拿東西！」的表情跑回來。看見我依舊一臉呆滯的表情，他忍俊不住地大笑了一番，最後附在我耳邊神祕兮兮地說：「抱歉啊！做了很多害妳誤會、不安好心的事。因為我以為妳是蒼空的女朋友，所以有點火大。」

女、女朋友？我又變成化石了。

由宇對我露出惡作劇的笑容：「我想和蒼空一起開餐廳的夢想是不會讓給妳的。不過，妳倒是不用『擔心』我會搶走蒼空。」

哇啊啊啊啊啊啊！

嗚啊啊啊啊啊啊啊！

原來由宇從頭到尾都知道我在擔心什麼——擔心由宇可能喜歡蒼空同學！

太、太太太太、太丟臉了！

看到我想挖個地洞鑽進去的反應，由宇哈哈大笑地說：「欺負理花真是太好玩了！這下子傷腦筋了。我本來想順便解開**另一個誤會**，但現在有點捨不得揭曉了！」

「另一個誤會？」什麼意思？

「咦，還有什麼誤會？」大家也都一臉好奇的樣子。

但由宇只是一臉賊笑：「嗯……還是暫時保留好了，不過我可以先向妳道歉。理花同學，不好意思啊！」

由宇只留下這句話，也不回答我們的問題，就離開實驗室了。

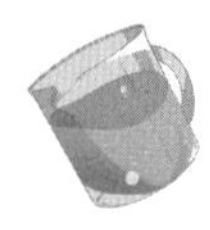

8 出乎意料的逆轉

第二天早上。

「啊啊啊，要遲到了！」

我睡到日上三竿才起床，心急如焚地在通往學校的路上狂奔。因為這兩天實在發生太多事情，或許是太興奮了，整夜睡不著。

啊，你問我後來怎麼樣了？本來我已經做好心理準備，和蒼空同學做實驗的事會被大家質問取笑，結果——沒有！

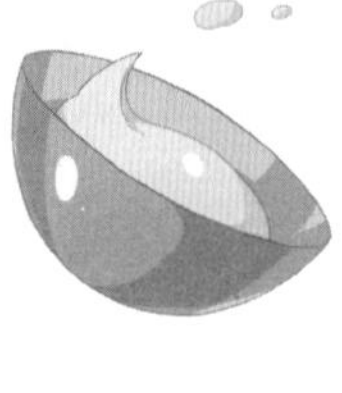

只有桔平同學正想開口：「對了，佐佐木，妳和蒼空——」就被奈奈以凶神惡煞的表情瞪了一眼：「你想說什麼？」他就閉嘴了。

大家都好善良啊！

到了學校，我正打算從後門偷偷地溜進校室，可惜被老師發現了。

「咦？佐佐木也會遲到啊！朝會都結束啦。」

迎面而來的詢問令我面紅耳赤。

「對、對不起……」我在全班同學的注目下，慢吞吞地走進教室，聽見大家竊竊私語的聲音：「對了，聽說蒼空同學去了法國。」「嗯，嚇我一跳呢。」

啊，原來是在說蒼空同學的事，我不動聲色地看了蒼空同學的課桌一眼，空蕩蕩的位置令我忍不住想哭泣。

大家肯定很驚訝吧……儘管非常沮喪，我仍努力地豎起耳朵，想聽清楚大家在說什麼，但老師一聲令下：「第一節課開始了，別再聊天啦！」交頭接耳的聲音便戛然而止。

利用下課時間與昨天的成員們一起討論的結果，決定星期六再一起做一次蘋果派。

雖然我的內心十分焦急，希望 Patisserie Fleur 能早日重新開張，但平常大家要上課，也有人要學才藝，實在無法如願。只能等到星期六再說，大家先各自做好萬全的事前準備。

不管是下課時間還是放學後，大家只要逮到時間就拚命討論。包括甜點要怎麼包裝，還做了宣傳海報。或許是因為要做的事比想像中還多，每天都過得很忙碌，一個星期很快就過去了。

轉眼間，時間就來到星期六。

我再次前往 Patisserie Fleur，可是走到 Patisserie Fleur 時，只見烘

焙坊大門緊閉。

啊，跟上週不一樣，由宇已經不在了！也就是說，沒人幫我開門了。

怎麼辦？

我想了一下，決定向蒼空同學的媽媽借鑰匙開門。

叮咚，我按響門鈴。我已經很習慣去爺爺家了，但幾乎沒來過蒼空同學家，所以等待的時候很緊張。

蒼空同學的家跟爺爺家不一樣，設計成西式的風格。按下門鈴後不久，玄關的門開了。蒼空同學的媽媽出來應門，她還是那麼漂亮。

「哎呀，理花同學，妳怎麼來了？」

好緊張！我吞吞吐吐地開口。

「那、那個……我、我和蒼空同學約好了，要、要做蘋果派。」我說得結結巴巴，還差點咬到舌頭！

「啊，原來如此。等我一下，我馬上幫妳開門。」

蒼空同學的媽媽嫣然一笑，拿鑰匙給我。

「蒼空經常強人所難，不好意思啊，今天只有妳一個人嗎？」

「不是，同學們等一下就會來一起幫忙了。」

「這樣啊，太好了。」蒼空同學的媽媽臉上流露出溫柔的笑意。

看她的表情與平常無異，我不禁好奇，蒼空同學不在家，她不會感到寂寞嗎？如果是我媽媽，小孩跑去法國那麼遠的地方留學，一定會比我更寂寞吧。

「我手邊還有工作要做，所以會待在家裡，有任何需要的話，都可以馬上過來跟我說。」說完這句話，蒼空同學的媽媽就轉身走回屋裡。

我都還來不及問她，蒼空同學不在的時候，她會不會很想念他。

走進烘焙坊，明明沒有開冷氣，裡面卻涼颼颼的。這時我才意識到現在已經是秋天了。蒼空同學在的時候，感覺一年四季都像夏天，所以我直到現在才反應過來季節的轉變。他的存在就跟太陽一樣，那麼耀眼，溫暖著我的心。

越想越難過，忍不住唉聲嘆氣時，耳邊突然傳來噗哧一聲的低笑，嚇了我一大跳，回頭看向發出聲音的地方。

站在那裡的是——「葉、葉大哥……？」

我還以為是幻覺，忍不住揉揉眼睛，可是葉大哥並沒有消失。

「葉大哥，你怎麼會在這裡？」

「我來拿忘記帶走的東西，理花同學呢？妳來這裡做什麼？」葉大哥笑著說。

我的內心深處，頓時燃起一把灼熱的熊熊怒火。

因為葉大哥突然離開，Patisserie Fleur才會陷入危機！

他怎麼還能笑得這麼輕鬆，像是沒事一樣。

我忍不住惡狠狠地瞪著他，如果是以前的我，就算再生氣，也不會或不敢這樣瞪人。可是，我最重視的事物差點被他毀掉，不生氣才奇怪。

「我、我來做蘋果派！因為你……因為你丟下一切跑掉了！」

「蘋果派？做了又能怎樣。」葉大哥有些詫異地說。

「當然是做了要在店裡販賣啊！」

聽見我這麼說，葉大哥立刻爆出笑聲。而且哈哈哈地笑得很開心，笑聲好像壞掉的玩具，令我覺得頭皮發麻。

「有、有什麼好笑的？」

「你們做的東西根本賣不出去啊。」

「誰說的？這種事可不是你說了算！」

我被他激怒了，因為他說的話真的太過分了。大家那麼努力，他卻嘲笑我們！

「本來就是我說了算啊，再說，你們打算在哪裡賣？」

「咦？當然是……」

「Patisserie Fleur 只有主廚和我才能開門營業呢。」

我、我還沒想到這部分，但他說的沒錯。我只是一廂情願地想在店裡賣，可是不能擅自使用爺爺的店吧。

「那……那……我們就在店門口擺攤！」

對了，就像廟會時的方式，可以擺臨時攤位。我才說到一半，葉大哥又咯咯笑了。「那樣是申請不到營業許可的。」

營業……許可？

「妳不是在夏日廟會賣過果凍冰嗎？當時的事情，你都忘啦？」

「我當然記得……」說到這裡，我才反應過來。

這麼說來，媽媽好像說過，開店需要什麼許可。

「如果想要臨時開店，必須向衛生單位提出申請。妳沒想到這點？或是想不到吧？」

他為什麼要把話說得這麼難聽呢？不過，我知道他沒有說謊。這個規定是合理的，因為要是賣一些來路不明的東西，導致顧客吃壞肚子就糟了。這麼一來，蛋糕店的風評也會掃地，這種事就連我這個小孩子也明白。

怎麼辦？所有的點子正在一寸一寸地崩壞。

為了扭轉頹勢，我絞盡腦汁，最後選擇低頭拜託：「葉大哥，求求你，請你回來！不賣蘋果派的話，蘋果就要全部壞掉了……」

我拚命懇求：「你不肯幫忙也沒關係……只要待在店裡就好了！」

只要葉大哥待在店裡，蘋果派就能在蛋糕店賣了。雖然要拜託壞心眼的葉大哥令我非常不甘心，但現在已經顧不得自己的尊嚴了。

少了葉大哥，我們所有的計畫都會失敗，我才不要這樣！

「車站前開了新的蛋糕店，已經出現競爭對手，Patisserie Fleur 卻在休息。再這樣下去，客人會跑光光！Patisserie Fleur 也會倒閉……」

我苦苦哀求，即使最終改變不了葉大哥的心意。但我還是要盡全力想辦法，因為蒼空同學把店託付給我了。

萬一這家店消失，蒼空同學想繼承這家店的夢想也會破滅。要是變成那樣，我可能再也無法與蒼空同學一起做甜點。

現在能保護Patisserie Fleur的人，只剩下在這裡的我。

我抱著祈求的心情看著葉大哥，但他的表情還是非常冷漠。口氣決絕的說：「這種事跟我一點關係也沒有——Patisserie Fleur與我無關。」

我的臉色變得鐵青，感覺身體都沒力了，好想當場蹲下去。

「話說回來，妳根本沒必要做到這個地步，因為妳喜歡的只是理化『實驗』吧。就算這裡沒有了，或是蒼空不在了，妳還是可以繼續做『實驗』，不是嗎？」

葉大哥一臉不可思議的繼續說：「妳這麼想討蒼空的歡心嗎？真是執著啊。」

他的表情帶著七分傻眼、三分調侃。唉，葉大哥以為我這麼拚命是因為喜歡蒼空同學。我確實很喜歡蒼空同學，當然也有想要幫助蒼空同學的心情。

但他誤解了一點，認為我想討人歡心？才不是這樣呢！我回想在這裡遇見蒼空同學以前的自己。

變得超討厭理化的自己，關上實驗室，對理化視而不見的自己。

「我……不久之前，還非常討厭理化，直到和蒼空同學一起做甜點才有所改變。」我努力地從聲帶擠出聲音回答。

「什麼？」

「我從小就喜歡昆蟲，也很喜歡做實驗，可是大家都說我這樣很『奇怪』，讓我非常受傷，開始否定自己，不承認自己喜歡理化……」

葉大哥睜大雙眼靜靜地看著我，我不管他是否理解，接著說下去：

「我第一次來烘焙坊時，看見蒼空同學為了給住院的爺爺加油打氣，而努力烤餅乾，於是我幫他烤餅乾。」想起那段回憶，感覺內心變得柔軟。

「原本一直無法烤出酥脆的口感，可是加入小蘇打粉後，就能完成非常好吃的餅乾。接著我們挑戰鬆餅，因為攪拌過度，產生麩質，所以膨不起來。每次找到失敗的原因，並透過理化解決問題，我就會覺得理化果然很有趣。」

如果當時蒼空同學沒有主動拜託我幫忙，或是——他不接受喜歡理化的我。

「要是我沒有在這裡遇見蒼空同學，我肯定到現在還是很討厭理化。明明喜歡，卻要假裝討厭理化。」我抬起頭，眼睛眨也不眨一下地凝視葉大哥。

「因為和蒼空同學一起，我開始覺得做實驗很快樂。我覺得只要和蒼空同學一起，肯定能做出很厲害的實驗。所以——我想保護這家店，我想守護蒼空同學的夢想，因為蒼空同學的夢想就是我的夢想。我希望蒼空同學回來時，能再和他一起做『殿堂級的實驗』！」

一口氣把話說完，葉大哥一臉茫然地看著我。剛才那些壞心眼的情緒從他眼裡消失了，變回跟以前一樣溫柔的葉大哥。啊，他把我的話聽進去了……這下有機會挽回嗎？

「葉大哥……求求你，請你回來……」我滿懷期待地再度懇求。

但葉大哥只是苦澀地嘆了一口氣：「理花……抱歉，可是我怎麼也無法原諒主廚做的事。」他臉上彷彿承受無比痛苦的表情，連我看到都覺得痛苦。

「蒼空同學的爺爺……做過什麼事？」

「害你們的努力全部變成泡影……真的很對不起。」

葉大哥說完就轉身背對我，他拒人於千里之外的回答令我絕望。

這下，我還能怎麼做呢？光靠我們這群小孩無法開店是事實，無論如何都需要葉大哥的幫忙！

還有什麼其他的辦法嗎？有什麼能打動葉大哥的方法嗎？

我已經想不到其他辦法了，好想哭，我已經無計可施了……

抱歉，蒼空同學！

原諒我無法守護Patisserie Fleur……

雙腿發軟的我，只能蹲在地上。低著頭，眼前一片模糊，感覺淚水快流下來，就在萬念俱灰時——

「才不會變成泡影呢！」

咦？這聲音！

我屏住呼吸……以為心臟要停止跳動了，是我的幻聽嗎？是因為我

滿腦子都是蒼空同學的關係吧？蒼空同學不可能出現在這裡，蒼空同學現在應該在法國。

即便如此，我仍然抱著一絲絲的希望，緩緩抬起頭，不由得目瞪口呆地愣住了。

「啊!?」

因為，因為……明明不可能出現在這裡的蒼空同學，居然就站在 Patisserie Fleur 的門口。

9 另一個誤會

「啊？咦——」

「理花，妳那是什麼表情？」蒼空同學笑著說。

他就跟平常一樣，彷彿說要去法國是騙我的事。

我忍不住腳步虛浮地走向他，伸手摸了摸蒼空同學的手。又大又溫暖的手，跟上次做蘋果派時一模一樣的手。

眼前的蒼空同學，因為我的舉動驚訝地睜大雙眼。

「真、真的嗎？不是妖怪？」我小聲自言自語。

「……妳在說什麼呀！當然是真的啊。」蒼空同學說道，同時用力回握我的手，左右搖晃，我慢慢地感受到他的力道。

蒼空同學回來了！

「騙人！怎麼可能？你不是去法國了嗎？」

「為什麼不可能？本來就預定只去一個禮拜啊。」

一個禮拜！他是說一個禮拜嗎？

「怎麼這樣？好過分！」我不由得大喊大叫。

因為他真的好過分，怎麼可以這樣！我、我還以為這輩子都見不到他了，還為此煩惱不已——結果才一個禮拜!?

啊——啊啊啊啊啊！

原來如此，所以上週做「最後一次實驗」的時候，大家才會一臉蠻不在乎的樣子！班上同學的反應也很平靜，都是因為這個原因？

啊！還、還有！由宇口中的誤會，該不會就是指這件事吧？

只有我一個人以為蒼空同學會一直待在法國不回來？

太過分了！由宇的心眼真是太壞了！

我方寸大亂的反應，也讓蒼空同學慌了手腳。

「……咦，我哪裡過分？難道我不要回來比較好嗎？」

「——才不是！」

突然真相大白的離譜誤會，還有蒼空同學一臉無辜的坦然態度，都令人火冒三丈，我情不自禁地衝到蒼空同學面前。

蒼空同學嚇得往後退了一步，我只好伸手抓住他帽T的繩子，防止他逃跑。

「我、我還以為——再也見不到你了！還以為『殿堂級實驗』就到此為止了！可是，因為你說無論如何都想做出『夢幻甜點』，說你想去法國……所以我雖然非常捨不得，還是拚命忍耐！」

是不是很過分！我的淚水奪眶而出，止都止不住。我用力吸氣，想忍住眼淚，可是一點用也沒有。我低著頭，眼淚一點一滴地落在地上。

啊啊啊啊啊，我好像傻瓜。自顧自地誤會，自顧自地煩惱，自顧自地生氣，自顧自地哭泣——我好傻！

「理、理花，妳怎麼哭了？」蒼空同學露出不知所措的困惑表情，抓亂了自己的頭髮。

「你不在的這段期間，**發生了好多事……真的發生了好多事！**你坐上計程車以後，葉大哥就不見了！而、而且車站那邊還開了一家新的蛋糕店……蘋果堆積如山，都快要爛掉了！我們努力想靠自己的力量製作蘋果派，可是一直失敗……好不容易大功告成，卻說沒有衛生單位的許可就不能販賣！」

我一口氣把近日發生的事通通說出來，有如潰堤的滔滔江水。蒼空同學則是認真的聽我說話，一臉嚴肅地「嗯、嗯」猛點頭。

我好害怕！但還是一直勉強自己打起精神來。因為如果我放棄，一切就真的沒救了！「我好擔心 Patisserie Fleur 會倒閉……好擔心蒼空同學的夢想無法實

現……」好不容易，倒出所有累積在胸中的難過悲傷後，我就像電力耗盡的電池，沉默了下來。

蒼空同學嘆了一口大氣，然後用大大的手輕撫我的頭：「理花……謝謝妳！謝謝妳在我去法國的時候，幫忙守護Patisserie Fleur。」

蒼空同學溫柔地拍了我的頭好幾下，我終於慢慢地冷靜下來。

啊，蒼空同學真的回來了……總算有真實感了。

突然──烘焙坊籠罩在沉默裡，咦……啊！稍微恢復冷靜後，我開始擔心自己是不是說了什麼不該說的話。

我、我……我剛才是不是說了什麼不得了的話？

是、是不是像極了告白……我拚命回想，可是回想起越多片段，越覺得自己說的話就跟告白沒兩樣，開始狂冒冷汗。

等、等一下——咦？蒼空同學剛才說「才不會變成泡影」，也就是說，他有聽到我剛才和葉大哥的對話？我剛才到底說了些什麼？

「因為和蒼空同學一起，我開始覺得做實驗很快樂。我覺得只要和蒼空同學一起，肯定能做出很厲害的實驗。所以——我想保護這家店，我想守護蒼空同學的夢想，因為蒼空同學的夢想就是我的夢想。我希望蒼空同學回來時，能再和他一起做『殿堂級的實驗』！」

想起來了！同時，我的腦子也變得一片空白。

我、我不打自招……了嗎？

哇啊啊啊啊啊！我感到頭昏眼花。

「理花？妳的臉好紅……沒事吧？還在發燒嗎？」蒼空同學把手貼在我的額頭上，我懷疑自己的呼吸和心跳都一起停止了。

10 夢幻甜點背後的真相

「理花好像冷靜下來了——我們可以聊聊嗎？葉大哥。」

蒼空同學以眼神示意進去烘焙坊裡面說話。

冷靜？雖然還稱不上冷靜的狀態，但我仍順著蒼空同學的視線看過去，只見葉大哥表情尷尬的點頭答應。

啊啊啊啊啊……我完全忘記葉大哥的存在了！剛才的對話……他也全部聽見了吧？好糗啊！

另一方面，蒼空同學原本看著我的溫柔眼神急速降溫，以冰冷的視線射向葉大哥。「爺爺在回程的飛機上都告訴我了……你為什麼突然消失？為什麼要偷走爺爺的日記？——事到如今，為什麼又跑回來？」

彷彿可以看見蒼空同學體內散發出源源不絕的怒火，他整個身體都在生氣，甚至到了讓我懷疑摸了會不會燙傷的程度。

可是葉大哥面對質詢毫不畏懼，只是長嘆一聲。「你好像誤會了，那道食譜——日記裡寫的『傳說中的甜點』作法，原本就是屬於我的祖父。」

「『傳說中的甜點』……屬於你的祖父？」蒼空同學皺起眉頭。

我聽不懂這句話的意思，猛眨眼。

「我的祖父也曾在蒼空爺爺去的法國烘焙坊修習甜點製作。」

「咦？」意料之外的答案，令我和蒼空同學面面相覷。

「那家烘焙坊以前曾有一道獻給皇室的『傳說中的甜點』。我的祖父為了想要學會製作那道甜點，所以才去那家烘焙坊修習。」

「皇室？」是指國王住的地方吧？

「真的假的？」蒼空同學忘了生氣，表情錯愕地自言自語。

居然是歷史如此悠久的甜點，我也嚇了一跳。

「可是那家烘焙坊卻不肯教我祖父作法，好不容易撐過幾年辛苦的修習，終於可以學習製作時，祖父卻突然被告知：『那道甜點的作法消失了，無法傳授給你。』」

「消失了……？」

「沒想到居然出現在這裡，而且還改名為『夢幻甜點』。」葉大哥拿出那本日記。

看到那本日記，蒼空同學的眼神突然變得好尖銳。

「你的意思是說，爺爺偷了食譜？」

「是的。」葉大哥不假思索地斷定。

「所以說，我只是拿回我祖父的東西。我想用這道食譜重新打造祖

父的甜點店，實現祖父未完的夢想——不過，也只是曾經這麼想而已。」

葉大哥說完就把那本日記扔向蒼空同學。啊！那可是珍貴的日記呢！

「你做什麼！」

蒼空同學有驚無險地接住日記，氣得橫眉豎眼。

但葉大哥只是語氣冷淡的回答：「這才不是什麼『傳說中的甜點』，這只是用來挖洞給我跳的冒牌貨吧？我完全中計了。」

「冒牌貨？才沒有這回事，這本日記是真的！」

「少騙人了！傳說中的甜點怎麼可能是這麼普通、到處都有的點心。而且上面寫的材料也很奇怪，獻給皇室的甜點不可能用到『那種東西』！」葉大哥聲嘶力竭地說著。

蒼空同學聽了非常不服氣，氣歪了臉：「不然我證明給你看好了！」

「證明？」

「我遵守約定，已經學會怎麼做了——理花。」蒼空同學轉頭看我。

他的眼睛裡盈滿了溫柔又寬容的光芒，令我臉紅心跳。

「什、什麼事？」

「妳可以來幫我嗎？」

我立即反射地點頭如搗蒜，**可以再次跟蒼空同學一起做實驗！**我怎麼可能拒絕。「當然可以！」

蒼空同學把工具放在作業台上一字排開，接著從環保袋裡拿出材料，看樣子是在回程的路上買的。

「首先是麵團，法國的烘焙坊使用的是一種由麵粉與玉米粉混合而成，叫作PATE FILO的酥皮——可是製作PATE FILO得耗費很多的時間、體力，還需要很大的場地，所以改用別的東西來代替。」

「代替？」

蒼空同學眉飛色舞地指著某樣東西，那是四方形的白色麵皮。咦？我好像在哪裡看過這種東西。看我歪著腦袋思索，蒼空同學揭曉答案：

「這是春捲皮。」

「咦……是包春捲的那個春捲皮嗎？」他是指中華料理會用到的那種酥酥脆脆的皮嗎？

「別擔心，爺爺已經改良成日本風味了。不僅能做成大同小異的味道，而且在日本做的話，用這個可以做得更好吃，日記裡的作法應該也有提到這點。」

蒼空同學望向葉大哥，只見他不太服氣地點頭。

「春捲皮……」我完全無法想像，但既然爺爺都說很好吃了，肯定是沒問題的吧。

「還需要白蘭地、奶油、砂糖。」蒼空同學依序拿出材料，擺在桌上，然後狡黠一笑的說：「最後是這道甜點的主角。」

蒼空同學拿出紅豔似火的——蘋果！

我想起上週做的實驗，大吃一驚，蒼空同學對我說：「這可不是普通的蘋果。」

「不是普通的蘋果？」我目不轉睛地觀察這顆蘋果，個頭小了點，但是不管怎麼看，它都是非常普通的蘋果。我忍不住說道：「看起來沒有什麼特別的地方……」

看到我不解地歪著腦袋，蒼空同學準備拿起蘋果和菜刀。

「我來切蘋果，理花——妳想做什麼？」蒼空同學驚慌的出聲阻止。

因為我遲疑了一秒鐘，也把手伸向菜刀。這禮拜只要有空，我就請媽媽指導！而且我也跟由宇說過，我會自己利用空檔練習。

「我、我也會的，我練習過了。」

聽見我這麼說，蒼空同學意外地睜大雙眼。「好，那我們一起切吧。我負責削皮，理花幫忙把蘋果切成薄片。」

不過，我還是很難想像大功告成的甜點會長什麼樣子，因為滿腦子都是春捲給人的刻板印象。

做到一半，空氣中開始瀰漫著香香甜甜的味道，太誘人了，害我很擔心肚子會亂叫。

「哇！完成了。」蒼空同學從烤箱裡拿出烤好的點心。我睜大眼睛盯著它，出乎意料的外型：「這是……」有點難以形容，硬是要比喻的話，可以說它像是烤出焦色的大顆「燒賣」！

「它叫作餡餅，是法國當地的甜點。」

「餡餅……」

「名稱依地區而異，奶奶的故鄉是這麼稱呼的。」

蒼空同學充滿自信地切開餡餅，也把熱騰騰的點心遞給葉大哥。

「葉大哥，請用。」葉大哥面無表情地接過來。他才吃下一口，立刻露出複雜的神情，緩緩說道：「雖然跟我做的有點不太一樣……但我還是不相信這就是『傳說中的甜點』。就算改用PATE FILO的酥皮，我想味道也不會有重大改變。」

這句話聽得我膽戰心驚。因為蒼空同學說要證明給他看，但是葉大哥吃完露出這種表情的話，是不是表示「證明」失敗了？

可是蒼空同學臉上依舊掛著自信滿滿的笑容，繼續切著甜點。

咦？

「理花也來嚐一口，剛出爐的時候最好吃了。」蒼空同學說道，遞給我一塊餡餅。

這……這就是「夢幻甜點」！我總算能吃到了……內心充滿期待，恐懼也同時湧上心頭。

因為——這道甜點是我們的目標「殿堂級甜點」。吃完這道甜點，就表示目標達成了。蒼空同學做出「殿堂級甜點」的同時，也代表我的

「殿堂級實驗」已經抵達終點。

我很高興，但終點之後呢？**實驗是不是會到此為止？**想到這裡，我無論如何都無法將甜點送入口中。明明之前那麼期待，如今恐懼卻遠遠勝過期待。

可是看到蒼空同學一臉期待的表情，我知道自己不能不吃。喉嚨發出「咕嘟」一聲，我小心翼翼地將甜點送入口中。

春捲的外皮酥脆，變成果醬的蘋果泥熱呼呼地在嘴裡擴散開來。

咦——

前一刻還感到的不安，瞬間被這個味道吹走了。

蒼空同學看著目瞪口呆的我，笑得合不攏嘴：「如何？」

我嚥下口中的甜點，點頭回答：「好、好好吃……」

說是這麼說，但我的表情可能有點不自然。因為——因為「夢幻甜點」的味道竟然跟蘋果派差不多。只不過加入不少白蘭地，有著特殊的味道，我猜應該是大人的味道吧！

這就是「夢幻甜點」嗎？「殿堂級甜點」不是應該非常非常特別才對嗎？難道是我的味覺有問題？

看見我陷入混亂，蒼空同學先開口：「老實說吧！我不會生氣的！」

他還把臉湊到我面前，等我的回答，害我心裡小鹿亂撞。

所、所以說，蒼空同學，你靠太近啦！我、我想自己一定臉紅了！

「嗯……很普通……而且酒的味道太強烈……我……不太喜歡。」

我有點膽怯地說出真心話，蒼空同學滿意地笑了。

「對吧？很普通吧！」蒼空同學哈哈大笑。

我和葉大哥一頭霧水地看著他的反應。

11 謎底揭曉

「雖然葉大哥說它是冒牌貨，但這確實是爺爺只為了做給奶奶吃，不折不扣、如假包換的『夢幻甜點』。」

「……只為了做給奶奶吃？」

葉大哥露出詫異的表情，眼神不安而飄忽。

蒼空同學點點頭，「這是奶奶的弟弟維克多先生，每年製作用來參加慶典比賽的傳統點心，也是奶奶最喜歡的甜點。維克多先生今年因為

住院，擔心來不及參加比賽，才拜託爺爺幫忙。爺爺做了很多，參加慶典的人都吃得很高興！」蒼空同學引以為傲地說著。

「什麼！就只是這樣？」與想像中完全不同的理由，令我大吃一驚。

「對呀……真不知妳是怎麼誤會的……」

「嗯，因為……你說誰誰誰住院，無法做甜點……還說法國的店快倒閉了！」

「啊……抱歉，我太興奮了，沒有說清楚。」蒼空同學一臉抱歉地搔搔頭。

「沒關係，是我自己太鑽牛角尖了……」現在回想起來，如果要去長期拜師學藝，應該有很多手續要辦理，像是搬家、轉學之類的。行李也是，只有一個皮箱未免也太少了。

是我自己誤會了！因為聽說蒼空同學的爺爺和叔叔在年輕時，都曾去法國拜師學藝，讓我以為蒼空同學自然也不例外。這個誤會真是太大了，好糗啊。

我無精打采地垮下肩膀，蒼空同學又從環保袋裡拿出蘋果。

「言歸正傳……爺爺之所以不再做這道甜點，也跟蘋果有關。」

蒼空同學用菜刀切開蘋果，遞給我和葉大哥：「你們吃吃看。」

我咬了一口蘋果，不由得目瞪口呆。因為……好甜好甜！可是……口感有點硬！

跟富士和紅玉完全不一樣。這是什麼？看起來明明是同一種蘋果。

「很甜！可是……水分比較少？」葉大哥說出心得，蒼空同學點點頭。

「很少吃到這種味道的蘋果吧？但是在日本以外的國家，它其實是很常見的品種，叫作『皇家加拉蘋果』。我猜日本人可能吃不太習慣。」

「原來如此……」

好像聽懂了，又好像沒聽懂，不懂蒼空同學為什麼突然會提到蘋果。

看見我一臉難以理解的表情，蒼空同學惡作劇地笑了。

「其實是這個品種『很像』奶奶故鄉種的蘋果。」

這句話說的好奇怪，感覺蒼空同學像是在賣什麼關子，我有些急躁地追問：「很像？你是說它並不是奶奶故鄉種的蘋果嗎？」

奶奶的故鄉，就是蒼空同學這次去的地方——也就是法國吧？

「這不是法國生產的蘋果嗎？」我進一步追根究柢。

蒼空同學回答：「不是，因為日本幾乎買不到法國產的蘋果。」

「買不到？」聽他說得如此篤定，我反而愣住了。

「咦，可是你不是去了法國嗎？難道不能從法國買回來嗎？」

可以買回來當伴手禮，或是請那邊的人寄來給他。

「我本來想偷偷帶回來，可是在機場被爺爺發現，結果被沒收了，不准我帶上飛機。」蒼空同學有些懊惱地說。

「被沒收了？」被、被誰沒收？我越聽越糊塗。

「啊……原來如此。」葉大哥聽到這裡，嘆了一口氣：「應該過不了海關吧。」

「海關？」

聽到這個陌生的名詞，我眼睛眨呀眨。

蒼空同學解釋給我聽：「海關是檢查出國、回國攜帶物品的地方，法律規定法國的蘋果不可以帶進日本，害我被爺爺臭罵了一頓……」

「真的假的！」我還是第一次知道有這種規定。

蒼空同學點點頭：「這也是爺爺不再做『夢幻甜點』的原因之一。」

「原因之一？難道還有其他原因……」我小聲提出疑問，但應該沒人聽見。

蒼空同學伸手從環保袋裡面，拿出一整包裝在塑膠袋裡的蘋果，指著標籤說：「這些蘋果其實是紐西蘭的蘋果。」

看到寫著紐西蘭的標籤，我想起桔平同學說過的話。

「啊，我記起來了，桔平同學曾經說過，為了避免病蟲害進入日本，現在日本國內可以買到的外國蘋果，只有紐西蘭的蘋果。」

「嗯，沒錯，爺爺也是這麼說。」

原來如此！我懂了，但葉大哥不解地說：「可是……我記得應該也能從法國**進口**。以前雖然禁止，但現在已經開放了，如果想要買的話，還是可以買到的，不是嗎？」

「進口」……印象中是指兩國間的貿易，像是向菲律賓購買香蕉，就是所謂的進口。

「可是市面上幾乎看不到吧？爺爺說，可能是因為法國那邊認為出口到日本沒有什麼利潤，反而要花很多運費。」

「這樣啊……」雖然能夠理解，但總覺得話題扯得太遠了，令我滿心疑惑。啊，等等？我們現在是在討論什麼啊？為什麼會說到這些呢？

看出我的困惑，蒼空同學給出提示。

「換句話說，在日本買不到奶奶最喜歡的法國蘋果。」

「啊！」原來如此！腦海中許多疑惑的「點」，總算連成「線」。

這陣子製作蘋果派時，我也發現了，即使都是蘋果，只要種類不同，就會失敗！

「那、那個……蒼空同學！你不在的時候，我們又做了一次蘋果派，可惜失敗了。」

「失敗？這麼說來，妳剛才好像提到蘋果派。」蒼空同學一臉詫異地睜圓了雙眼。

我簡單扼要地說明，他出發到法國後關於製作蘋果派的事。桔平同學帶來的蘋果有兩種，用紅玉蘋果可以成功的步驟，運用到富士蘋果卻失敗了。

「也就是說——爺爺因為買不到法國的蘋果，做不出味道與『夢幻甜點』相同的甜點？」

「答對了！」蒼空同學笑著說。

「所以爺爺沒辦法在日本做那道甜點，因為用日本的蘋果做不出奶奶喜歡的味道。但爺爺並未放棄，下了好多工夫，為了在日本也能做出相同風味的甜點，努力尋找風味相似的蘋果、找來可以代替PATE FILO的材料，最後摸索出來的就是『夢幻甜點』的作法。」蒼空同學說到這裡，露出非常溫柔的表情。

「葉大哥和理花都說這道甜點很『普通』吧？說實話，我在法國剛吃到這個甜點時，也覺得它很普通，嚇了一大跳。但即使是我們眼中很普通的甜點……對奶奶而言，卻是非常珍貴的家鄉味，**是奶奶眼中的——『殿堂級甜點』**。可惜……奶奶去世了……」蒼空同學越說越小聲，最後變成喃喃自語。

葉大哥有點遲疑地開口問：「所以主廚……不再製作這道點心……結果就成了『夢幻甜點』嗎。」

蒼空同學點點頭，「因為奶奶不在了，無法再讓奶奶開心……那道甜點就失去意義了。」藏在點心背後的真相，令我愕然。

一旁的葉大哥應該跟我一樣吧？對於這個真相，一時之間不知該說什麼才好。

蒼空同學對著我們說：「我認為，只要是專門為某人研發出來的甜點，對那個人而言就是『殿堂級甜點』。

奶奶每次吃到那道甜點時，總是吃得津津有味。看奶奶吃得那麼高興，爺爺也總是得意地露出心滿意足的表情。不只味道，還有大家一起為奶奶慶生的喜悅……這些全部加起來，就成了『美味的不得了』的總合，我是這麼想的。」

循著蒼空同學的視線向前方望去，我彷彿也可以看見奶奶吃著爺爺做的點心，津津有味的表情。還有奶奶滿懷思念地想起故鄉，看起來好幸福、好快樂的樣子。

明明我並沒有真的見過蒼空同學的奶奶，真是不可思議。

「所以，這是不折不扣、貨真價實的『夢幻甜點』。無論別人怎麼說，對奶奶而言，這就是『殿堂級甜點』。」

啊！所以爺爺才說「那個一定要有Fleur才能完成」。因為是爺爺特地為奶奶做的甜點。

我終於徹底明白這句話的意思了，內心非常感動。

爺爺專門為奶奶想出來的「殿堂級甜點」，這就是「夢幻甜點」的真相。

這句話深深地烙印在我心裡。

「『夢幻甜點』並不是『傳說中的甜點』……是我自己搞錯了嗎？」

葉大哥一臉快要哭出來的模樣。

「所以說，我過去所做的一切都是白費工夫嗎？」他的聲音聽起來非常沮喪，像是走投無路的困獸。

追尋了一輩子的夢在眼前消失，那種沉重的感覺，或許跟我剛才受到的打擊差不多吧？努力了半天，全都白費了，接下來該何去何從？感覺他整個人一蹶不振，葉大哥看起來好虛弱，彷彿風一吹就會消失了。

我忍不住插嘴：「不是『傳說中的甜點』，葉大哥的夢想就無法實現嗎？」

「……咦？」葉大哥抬頭看著我。

「葉大哥做的甜點很好吃，真的非常好吃。不管是你上次做給我們吃的奶油烤布蕾，還是更早之前的紅茶戚風蛋糕！」我拚命表達。

因為在我低落時，葉大哥也給了我很多鼓勵。回想葉大哥過去對我的善意，我不認為那些都是騙人的。

葉大哥的表情有些閃爍，冷若冰霜的感覺逐漸褪去，彷彿又恢復成過去印象中，溫柔又平和的表情。

「可是……」停頓片刻，葉大哥搖頭說：「就算是這樣，『傳說中的甜點』仍然是屬於祖父和我的東西。要是我做不出『傳說中的甜點』，就是對不起祖父的在天之靈，所以我無論如何都要得到那個食譜。」

葉大哥眉頭深鎖，此刻的他像是在勉強自己，痛苦地在眼裡點燃憎恨的怒火，說完就搖搖晃晃地走出烘焙坊。

「等一下！」我和蒼空同學互相交換眼神，打算追回他。

我心急的衝出去，結果撞上「東西」，踉蹌地後退了幾步。仔細一看，我撞上的是——直挺挺地呆站在門外的葉大哥。

「哇啊！」緊跟在我背後的蒼空同學，也一起跌坐在地上。

「痛痛痛……」蒼空同學揉著屁股站起來，順便把我拉起來。

「沒事吧？理花。」

葉大哥完全無視身後的混亂，頭也不回，只是呆若木雞地直視前方。

怎麼了？我從擋在門口的葉大哥身邊探出頭，這一看不得了，嚇我一大跳。

「葉……」站在葉大哥面前的是蒼空同學的爺爺，手裡捧著裝滿蘋果的紙箱。

「主廚……」葉大哥的眼神變得好尖銳，臉色也變得好難看。

可是爺爺卻神色自若地一步一步走向葉大哥。

「這個世界上已經沒有你要尋找的——『傳說中的甜點』。」

12 傳説中的甜點——國王派

「這個世界上已經沒有了……？」爺爺的話讓葉大哥僵在原地，他顯然完全沒有預料到這個結果。

爺爺將裝滿蘋果的箱子放在地上，拿起放在箱子上的舊筆記本，遞給葉大哥。

「這是什麼？」葉大哥的語氣聽起來不是很友善。

爺爺只是搖搖頭說：「你看就是了。」

葉大哥翻開筆記本，不敢置信地看著爺爺。「這是……」

「你在找的『傳說中的甜點』——國王派的食譜。」

「這個……就是嗎？」

「『傳說中的甜點』？國王派？」我和蒼空同學也情不自禁地驚呼。

「國王派的法文是『Galette des Rois』，意思是在放上紙皇冠的派裡灌入杏仁餡的甜點。裡面會再放進一個小瓷偶，過年的時候切開與家人分享，據說吃到瓷偶的人一整年都會很幸運。我待過的那家法國烘焙坊，以前曾經在新年時為皇室獻上這道甜點。」

「可、可是……為什麼這個會在爺爺手上？難道……真的像葉大哥說的……」蒼空同學嚥下沒說完的話。

他怎麼也說不出「是爺爺偷走了」這種話吧？我也不相信。

爺爺一臉苦澀地翻開葉大哥手中的筆記本，指著某個字說：「這本食譜一直戒備森嚴地保管在那家烘焙坊裡，這次是特別向維克多借來的。我之所以說它『沒有了』，意思是從某一刻起，這本食譜就被封印了。原因是沒有『這個』！」

我湊近看，爺爺的指尖指著「petit épeautre」這幾個字。那是什麼意思？我有看沒有懂。

「古代小麥？」葉大哥一臉錯愕地喃喃自語。

「沒錯，從某個時期開始，農家一股腦兒地開始種植新品種，因此很難再買到古代小麥。」

「新品種？」我和蒼空同學兩個人還是狀況外，滿頭問號。

葉大哥靜靜地開口：「又稱品種改良，讓各式各樣的品種混合交配，像是比較不怕病蟲害的品種、或是收成量比較多的品種，藉此培養出新品種。正因為有這些新品種，我們現在才能免於飢荒。」

「品種改良……好神奇……」蒼空同學瞪圓了雙眼，一臉佩服。

「沒錯，但是在得到糧食的同時，也失去了一些東西。」

「失去……古代小麥嗎？」蒼空同學自言自語，爺爺點頭。

「它是封印那道食譜的關鍵，你知道為什麼嗎？」

我馬上就知道答案了，不動聲色地瞥了紙箱裡的蘋果一眼。想到失敗的蘋果派！換成麵粉應該也是一樣的道理。

「因為用不同品種的麵粉來製作，甜點也會變成另一種甜點……？」

「答對了。」爺爺面露激賞地點點頭。

「比較古代小麥和現代小麥的成分，它們裡面的蛋白質和麩質含量都不一樣。」

啊！蛋白質、麩質——我對這兩個單字有印象。

「我記得……蛋白質在果凍的實驗出現過，麩質則是在鬆餅的實驗出現過！」

聽到我口中發出的喃喃自語，蒼空同

蒼空的甜點筆記

兩種法國傳統點心

◆「傳說中的甜點」其實是——

國王派

派皮裡灌滿了杏仁餡的糕餅，再放上用紙做的皇冠，所以才叫「國王派」。切開來吃的時候，在自己分到的派裡發現小瓷偶的人，據說會有一整年的好運。

◆「夢幻甜點」其實是——

餡餅

裡頭塞滿用奶油和砂糖炒過的蘋果。用麵粉和玉米粉製成的派皮叫作PATE FILO，很有特色。但是爺爺改良用春捲皮來代替。

兩種都非常好吃喔！

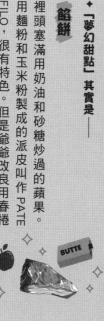

學也喚回記憶，開口說道：「啊，對了！麵糊攪拌過度，導致麩質變多，結果鬆餅變得硬邦邦……」

爺爺又點頭微笑，繼續說著：「如果材料的成分含量不同，就會變成別的東西。正因為如此，烘焙坊的人便判斷已經無法維持傳統的風味。雖然對葉的祖父——孝司，感到很過意不去，但烘焙坊說什麼也不能讓不完美的風味流傳下去。」

「原來是這麼回事啊……」葉大哥露出失望透頂的神情，當場頹然無力地蹲下身來。

「真的……已經找不到了嗎？」葉大哥苦惱地抱著頭。

「你覺得呢？」爺爺低聲說道。

聽到這句話，我們全都立刻抬起頭來，只見爺爺的表情有點淘氣。

咦，可是，如果找不到材料……就做不出來吧？

就在這個時候，「啊——『夢幻甜點』！」蒼空同學大聲嚷嚷。

「這麼說來，明明沒有材料，爺爺還是做出來了，不是嗎！用春捲皮和紐西蘭蘋果做出奶奶喜歡的點心！」

爺爺笑咪咪地點頭：「只要創造出屬於自己的食譜就行了，你一定也可以的，創造出屬於你自己的『傳說中的甜點』——專門為某

人做的殿堂級甜點。」葉大哥呆若木雞地聽著爺爺說完這番話。

我下意識地望向一旁的蒼空同學，「專門為某人做的殿堂級甜點」這句話震撼了我的心靈。感覺好像找到新的目標了，原本因為完成「夢幻甜點」這個目標，內心破了一個大洞，瞬間被填滿了，蒼空同學也有同感地看著我。

「可是，我不曉得道地的風味，不知道應該怎麼做，才能接近那個味道。」葉大哥以顫抖的語氣回答。

「別擔心，我還記得。**我會一直陪你練習**，你可以放心地一次又一次地挑戰。」

也就是說……我睜大了雙眼，爺爺說「我會一直陪你練習」，這句話不就意味著葉大哥可以繼續留在店裡嗎？

葉大哥應該也跟我想到同樣的事情了，他倒抽一口氣，眼睛瞪得有如銅鈴大，臉上寫著「**難以置信**」四個大字。

沉默了一下，葉大哥好不容易從聲帶擠出沙啞的嗓音回答：「**可是……我沒有資格**，因為我對主廚、對蒼空、還有理花都做了非常過分的事。」

葉大哥確實深深地傷害了我們，可是，我很清楚，他其實非常後悔。

他一定也很想從頭來過。

我也曾經有過這樣的心情，在蒼空同學當著所有人面前坦承自己喜歡做點心時，我卻說他「跟女生一樣」的時候。每次想起來，我都好希望自己沒說過那句話，這點讓我非常討厭自己。可是，只要想起當時對我伸出援手的蒼空同學，就覺得自己得到了原諒。

我看著蒼空同學，只見蒼空同學一如我的想像，臉上浮現出與當時一模一樣的爽朗笑容。

蒼空同學也看著我，用眼神問我：「妳願意原諒他嗎？」

他的眼神好溫柔，果然是蒼空同學會有的反應。

啊……我好希望自己能像蒼空同學這樣堅強又溫柔。

我使出丹田之力，大聲打破沉默：「葉大哥一定辦得到！」

「理花……？」葉大哥雙眼圓睜。

他的眼神彷彿在問我：

「妳願意原諒我嗎？」

我以這句話代替回答：

「葉大哥做的甜點很好吃，

我猜那是因為葉大哥跟葉大哥的爺爺一樣，都想看到吃的人露出笑容。只要不忘初心，一定能做出『專門為某人做的殿堂級甜點』。」

蒼空同學眉開眼笑地接著說：「葉大哥一定辦得到。」

說完，蒼空同學偷偷地看了我一眼。接著說：「我也要做出『專門為某人做的殿堂級甜點』給大家看」

一起做吧……感覺蒼空同學這麼對我說，我開心得快要飛上天了，點頭如搗蒜。

蒼空同學爽朗的說：「葉大哥也一起加油吧！比賽誰先做出來！」

聽到這句話，爺爺豪邁地哈哈大笑，用力拍了拍葉大哥的背。

「你也稍微學習一下這傢伙的衝勁吧。」

「……」葉大哥露出想哭、又想笑的表情點點頭，以手背拭去眼角的淚水。「主廚，對不起。蒼空、理花，抱歉啊。從今以後，我會比以前更努力的。」

「今後也請多多指教……」葉大哥最後以囁嚅的音量說完這句話，深深地低頭向我們道歉。

13 恢復平常的生活

太好了！大家都歸隊重新回到烘焙坊。

「現在開始為明天做準備吧。」爺爺穿上圍裙，葉大哥點點頭，也拿起自己的圍裙。

「都怪我，客人都跑去競爭對手的店了。」葉大哥滿臉歉意地說。

「什麼競爭對手的店？」蒼空同學雙眼圓睜。

看來他剛剛根本沒仔細聽我說話，也可能是我情緒太激動，說得很混亂。我重新向他說明原委，關於車站前開的新店。

「哇！怎麼會這樣！車站前？這下子糟了！」蒼空同學抱頭大叫。

葉大哥接著說：「都是我的錯，我一定會把客人搶回來。」

「沒事的，客人很快就會回來了，**我們要對自己做的甜點有信心**。」

從爺爺口中說出「我們」兩個字，我忍不住笑逐顏開，看來爺爺與葉大哥的感情比以前更好了。嗯，只要有這兩個人在，一定沒問題。

「只要爺爺和葉大哥同心協力，客人一定會露出笑容！」蒼空同學精神抖擻地說。

爺爺聽了也莞爾一笑：「別忘了，我們還有祕密武器呢。」

什麼祕密武器？我還沒反應過來。

葉大哥搶先說道：「您是指『為農家打氣的蘋果派』吧。理花同學他們的努力絕對不會白費，一定能讓客人回心轉意。但是得先做出完成品……當然是以理花你們做的蘋果派為基礎。」

「我也來幫忙！」蒼空同學穿上圍裙，把手洗乾淨。拿出蘋果，開始削皮。烘焙坊裡一下子變得好熱鬧，我也充滿期待。

好厲害！我也想幫忙！

有、有沒有什麼我可以做的事？我努力尋找……

咦，等等！這裡已經有兩位專家和蒼空同學，完全沒有我可以表現的機會啊！

繼續待在這裡反而礙事……我垂頭喪氣地退到牆邊，往門口移動。

正要走出去的時候，腳邊被什麼東西絆了一下。

是什麼東西？低頭看，腳邊是裝蘋果的紙箱。想起來，這是剛才爺爺放下的蘋果。我從門口往外看，哇！門邊已經堆了十箱左右的蘋果。

「啊，這些蘋果……」

「那是剛從桔平同學的爺爺那邊送來的蘋果，後面還會一直送來呢。想要全部賣完，可是一項大工程啊。」葉大哥邊說，一邊有所覺悟地用力點頭。

「理花，可以拿幾個蘋果給我嗎？」蒼空同學說道。

當然沒問題，這點小事我還做得到！正要打開箱子時，發現紙箱上面寫的字。

「這是富士……這邊是紅玉。」

兩種蘋果分別裝在不同的箱子裡，如果不按照品種做好分類，可能又要失敗了。

「蒼空同學，我跟你說……」

蘋果派的作法因蘋果品種而異——我正想仔細說明

時，腦海中靈光乍現。

啊！有了！我想到一個好方法了！

如果是這件事，就連不擅長烹飪的我也能勝任……

「蒼、蒼空同學！」

「什麼事？」蒼空同學一臉疑惑地靠近我。

我告訴他剛才想到的點子，蒼空同學用力點頭。

「好聰明！這真是個好主意！這麼一來，桔平家的蘋果肯定能全部賣完吧！」

太好了！「那我先回家準備。」雖然我在料理方面幫不上忙，但也有我能做的事——想到能靠理化的力量幫忙，我覺得好高興！

我衝出烘焙坊，迫不及待想將靈感化為行動。可是才剛走出店門外，背後就傳來蒼空同學的聲音：「理花，請等一下！我有一件重要的事忘記跟妳說了！」

回頭看，身上還穿著圍裙的蒼空同學追了上來：「下個週六，妳可以來我家嗎？」

「下個週六？」

關於未來的約定……也就是說，蒼空同學下週也會在這裡。蒼空同學去法國以前，我一直以為這種約定理所當然，如今卻覺得好開心，滿心感動，喜悅在心裡蔓延開來。

蒼空同學露出有些靦腆的笑容，開口說道：「『夢幻甜點』已經完成了……但剛才不是又提到『專門為某人做的殿堂級甜點』嗎？聽到這句話，我內心又產生了新的目標，所以……」

蒼空同學說到這裡，大口深呼吸：「理花，未來也一起製作甜點吧，這次要以『專門為某人做的殿堂級甜點』為目標。」

「嗯！」我想也不想地一口答應。

哇啊啊啊！又可以一起了！我高興得快要跳起來。製作「夢幻甜點」的目標雖然已經達成，但還是可以和蒼空同學一起鎖定新的目標，製作更多不同的甜點，我們又可以繼續做實驗了！

「太好了……蒼空同學去了法國……我還以為再也無法跟你一起做甜點了。」我感慨萬千地說道。

蒼空同學噗哧一笑：「我回來了！理花。」

啊，蒼空同學回來了，蒼空同學真的回來了。

「歡迎你回來！蒼空同學。」內心再次充滿激動與感恩。

蒼空同學抬頭仰望遠方的天空，像是想起什麼似地瞇著雙眼。

「我在法國的期間，每次遇到困難的時候都會想起妳，猜測如果是理花會怎麼想，想著如果理花在我身邊該有多開心啊……」

我不敢置信地睜大雙眼——

蒼空同學，在法國，想起我？

我一動也不動地盯著他看，蒼空同學也看著我。

「見不到理花，我也很寂寞呢。」

溫柔的眼神緊緊地抓住我的視線和我的心，我屏住呼吸，無法逃開蒼空同學的視線。難不成……難不成蒼空同學聽見我剛才方寸大亂時說的話了？

「我、我還以為——再也見不到你了！還以為『殿堂級實驗』就到此為止了！可是，因為你說無論如何都想做出『夢幻甜點』，說你想去法國……所以我雖然非常捨不得，還是拚命忍耐！」

難不成這是對那句話的回答？想到這個可能性，我的心臟跳得好快，彷彿就快要從嘴巴裡跳出來了。

蒼空同學露出開朗的笑容說：「下次一起去吧！」

他的笑容實在是太耀眼，我邊點頭邊感到呼吸困難。嗯，下次一定要一起去！

可是……下一秒，隔著蒼空同學，我看到了——爺爺和葉大哥站在他身後，滿臉傻眼的表情。真是太尷尬了！看見我呆若木雞地屏住呼吸，蒼空同學回頭看。

「嗯……您們兩位，有什麼事嗎？」蒼空同學嘟著嘴抱怨。

他的表情跟平常的蒼空同學無異，直到前一刻，該怎麼形容才好呢……閃閃發光、令我臉紅心跳的氣氛彷彿被風吹散，消失不見。

我突然覺得，剛才的一切該不會全都是一場夢吧。

爺爺有點難以啟齒地開口：「因為你一直沒有回來，我們只好出來找你……嗯，該怎麼說呢，葉，你說吧！」

「……我們有點不好意思出聲。」

「咦，為什麼？」蒼空同學不解地說。葉大哥和爺爺尷尬地大眼瞪小眼。

「蒼空剛才那番話，該不會是在毫無自覺的情況下說出口吧……」

「好像是。」兩個大人竊竊私語地說著悄悄話。

這個場面惹惱了蒼空同學：「您們到底在說什麼？」

咦？他根本不在乎被別人聽見嗎？**果、果然……不是告白的意思……**

說、說的也是！這才是蒼空同學的風格。回想過去發生的一切，我大失所望地低下頭去。

爺爺看著蒼空同學，嘆了一口氣：「看來你果然還是個小孩子，我就放心了。」

爺爺說完，轉身走回烘焙坊，葉大哥也跟了上去。留下蒼空同學莫名其妙地歪著脖子：「什麼啊？我本來就是小孩子——理花，妳怎麼又臉紅了？跟蘋果一樣……妳沒事吧？」

蒼空同學又要伸手來摸我的額頭，我連忙躲開。

現在要是被他碰到，**我的腦袋一定會噴火！**

「我、我沒事！只是有點熱！」

蒼空同學笑著對我說：「沒事就好。」

14 為農家打氣的蘋果派

終於等到週末。

我遵守和蒼空同學的約定，前往Patisserie Fleur。背包好重，裡頭塞滿了紙，但我的腳步十分輕盈。

轉過櫻花樹下的街角，Patisserie Fleur映入眼簾。店門口撐起五顏六色的大陽傘，四周圍起了人牆。怎麼回事？我停下腳步，仔細一看，陽傘底下有張桌子，桌上擺滿光澤誘人的蘋果派，而且——

「天啊，看起來好好吃！」

「這是蒼空同學做的嗎？好厲害！你太帥了！」

「今天開始販賣嗎？我們也想幫忙！」

好多女生！仔細看，全都是我們學校的女生！百合同學和奈奈、小唯也置身其中，就連桔平同學和脩同學也在。

這、這麼說來，蒼空同學應該已經在學校大力宣傳了。

「這個週末會有超值優惠活動，大家一定要來Patisserie Fleur啊！」

我想起來了！班上喜歡蒼空同學的女同學們，反應十分熱烈：「我們一定會去的！」

哇……哇啊！眼見蒼空同學被女生團團圍住，我不禁倒退了幾步。

「……怎麼可能。」

「說的也是，肯定是哪裡搞錯了。」

腦海中閃過這些話，讓我有點不知所措。正當我裹足不前時，蒼空同學看到我了。

「理花！」

他的呼喚讓周圍的女生全都回過頭來看我。蒼空同學笑容滿面，我很想跑過去回應他的笑容，但周圍的女生都目露凶光，簡直像是要在我身上射出千瘡百孔似的，嚇得我臉色發青。

我想逃離這裡，腳開始不聽使喚地往後退。

可是……冷不防，我感覺百合同學、奈奈、小唯、桔平同學和脩同學，正從那群人裡面定定地看著我。

「別再說『我這種人』了，因為是理花同學，我才會幫忙呢！因為一起完成某件事很開心，我才會幫忙的！」

「如果是理花同學的請求，我很樂意幫忙。而且我不是一直邀請妳跟我做實驗嗎？……妳怎麼就這麼沒自信呢？」

大家溫暖的話語，輕輕柔柔地包裹住我的心，將我推向前。

「加油，理花同學一定沒問題。」感覺站在正中央的百合同學，正以脣語鼓勵我。

與此同時，耳邊也響起由宇「妳要更有自信一點」的叮嚀。

沒錯！「才不是『像我這種人』呢。」

我也有我能做的事！我用力深呼吸，握緊背包的提把，將原本後退的腳步往前跨出去。我走到蒼空同學面前，聲音響亮地說：

「蒼空同學，今天也讓我一起幫忙，可以嗎？」

蒼空同學笑逐顏開：「當然，請多多指教！」

我聽見周圍的女生倒吸一口氣的聲音……「為什麼是佐佐木同

學？」、「為什麼？我也很好奇。」開始此起彼落的竊竊私語。

我會出現在這裡，自然有我的理由。因為我擅長的理化能幫助蒼空同學……僅管店門口突然安靜得連一根針掉地上都聽得見，我還是自信地把手伸進背包裡。

「這個給你，這是我上次說的東西，終於做好了。」

「什麼？什麼？」所有人的視線都集中在我手中的東西。

「這是我做的，我、我……雖然不擅長料理。但——理化是我的強項，所以……我猜這或許能派上用場。」我鼓起勇氣把親手做的「宣傳單」分發給大家。

「哇……這是什麼？『超級簡單！蘋果派的作法』!?」

拿到宣傳單之後，大家的臉龐都染上驚訝的紅暈。因為上面彙整了紅玉與富士兩種蘋果派的作法，包括和蒼空同學一起做的紅玉蘋果派，以及蒼空同學不在的時候，大家一起做的富士蘋果派。

為了避免失敗，各自都加上了製作時的小技巧。像是讓手冷卻，避免派皮過熱；還有使用富士這種水分比較多的蘋果時，要加入麵包粉或麵包來製作。

不僅如此，上面還針對失敗的原因做了研究調查。

第一次失敗——失敗的原因是派皮溫度太高了。因為派皮是由揉進奶油與麵粉的麵團折疊好幾次製成，溫度太高的話，裡頭的奶油會融化，原本折成好幾層的麵團會黏在一起。

第二次失敗——如同實驗時預料到的，蘋果的水分太多會失敗，這是因為派皮被水分弄濕，導致受熱不均，變得半生不熟。

我先用手寫，還附上插圖。就跟校刊一樣，整理得十分清楚，然後影印了一大疊。

「整理得好清楚又容易理解啊……這麼一來，任何人都能輕易地做出蘋果派，不怕失敗了！」

「理花同學真的好厲害……」

「可是，印這些要做什麼呢？」

大家的讚美讓我有點不好意思，我開口解釋：「我想跟蘋果派一起，把食譜分送給大家。」

脩同學疑惑地問道：「咦，可是這麼一來，如果大家都按照食譜自己製作蘋果派，Patisserie Fleur的派不就賣不出去了嗎？」

聽到這句話，蒼空同學「呵呵呵」地笑著說：「Patisserie Fleur的蘋果派是專業的味道，好吃的不得了，不怕賣不出去。就算真的賣不出去也沒關係。」

大家不明白這句話的意思，全都不解地側著頭，但是我明白。

沒錯，蘋果派能賣出去最好，但就算賣不出去也沒關係。因為真正要賣的東西是——蘋果！

「我們的目的是『**為農家打氣**』吧？所以蘋果派賣不出去也沒

關係，只要蘋果能賣出去就行了！」

蒼空同學指著放在桌子後面的紙箱，裡頭是堆積如山，用塑膠袋分裝成小袋的蘋果。

「啊，有道理！我們是為了幫助桔平同學家的果園！」百合同學說道，奈奈和小唯也互看一眼。

「為了不要浪費被風雨吹落的蘋果，才是我們原本的目的！」

「沒錯！只要附上食譜，大家肯定會順便買蘋果回家！」

桔平同學滿臉通紅，一副隨時都要哭出來的表情。

「謝謝你！蒼空！」桔平同學感激涕零地向蒼空同學低下頭去。

「等等，不用謝謝我，這是理花想到的點子……理花是不是很厲害！」

「既然如此……怎麼是你露出沾沾自喜的表情啊？」桔平同學以略帶哽咽的聲音調侃，大家都笑了，班上同學也跟著笑了。

笑聲響徹雲霄，客人們受到吸引，紛紛靠過來：「哎呀，好香啊！」

「新產品是蘋果派嗎？看起來好好吃啊！」

客人蜂擁而來，其中也包括被新開蛋糕店搶走的客人，我們打從心底鬆了一口氣。

15 最棒的生日

最後，蘋果派全部賣完了！而且拜傳單所賜，就連店裡的蘋果也銷售一空。

「哇……全部賣完了……」大家站在空空如也的紙箱前，感慨萬千地說。

當時製作蘋果派的成員——除了不在場的由宇，都在店裡幫忙。

「非常謝謝大家！今天的活動對我們也是很好的宣傳，這是要送大家的謝禮。」

蒼空同學的爺爺親自把禮物分送給我們，Patisserie Fleur 的紙袋中裝著大塊的蘋果派。

「哇，是專家做的蘋果派！看起來好好吃啊！」桔平同學興高采烈地大聲道謝：「我會帶回去跟家人一起享用，謝謝爺爺！」

大家都向爺爺道謝，各自打道回府。

我也轉身要回家時，蒼空同學突然小聲地留住我：「理花，妳忘了東西。」

忘了東西？有嗎？我不疑有他，回頭跟著蒼空同學走進烘焙坊，只

見他打開冰箱。咦？難道我忘記什麼東西在冰箱嗎？沒想到——

滿頭霧水的我，眼前出現了一個蛋糕。鬆鬆軟軟的鬆餅上擺滿了卡士達醬和鮮奶油，還有草莓裝飾。

上頭還撒了糖粉，好像積了一層薄薄的雪，非常可愛。

「這是我今天做的『殿堂級甜點』。」

這話是什麼意思？我不禁想起蒼空同學上次說的話。

「只要是專門為某人研發出來的甜點，對那個人而言就是『殿堂級甜點』。」

原來如此，我看著放在蛋糕頂端的裝飾，是我最喜歡的草莓。這該不會是特地為我製作的甜點吧？不、不不不……不可能，我已經受夠誤會之後再失望的循環了……於是我提高警覺。

「理花，生日快樂。」蒼空同學說道。

我嚇了一跳，差點跳起來。

「生、生日……？」

我、我竟然忘了！今天是十月二十三日！確實是我的生日！

「妳忘啦？不過我也忘了自己的生日，所以沒有資格說別人。」

蒼空同學哈哈大笑。看到這樣的蒼空同學，我開心得整個人差點飛起來，這種心情就是所謂「樂翻天」吧！

「謝謝你……蒼空同學，這是我有生以來最棒的生日！」我感動得眼淚都要流下來了。

「先吃吧！奶油要融化了。」我聽話地咬下一口蛋糕。

鬆餅軟軟的，奶油甜甜的，夾在裡頭的草莓酸甜美味，好好吃！

「這是我這輩子吃過最好吃的蛋糕！」

聽見我這麼說，蒼空同學笑得好開心。「我會繼續努力學習，明年肯定能做出更好吃的蛋糕！」

他答應明年要再做蛋糕給我吃，我聽得胸口發熱。

好喜歡啊！喜歡的心情在我內心不斷膨脹，感覺胸口要爆開了。

16 人生的十字路口

我的心情有如蛋糕般輕飄飄、軟綿綿，一路雀躍地回到家。進門時，發現玄關有一雙我沒看過的鞋，咦？家裡有客人嗎？

「我回來了……」

「哇哈哈哈！」屋裡傳來響亮的笑聲，蓋過我的聲音，我躡手躡腳地走向客廳。

「啊，理花，妳回來啦。」爸爸回頭的同時，坐在爸爸對面沙發上

的伯伯也看向我這邊。

從那個人的白髮、眼角的皺紋來看，年紀似乎比爸爸還大。

爸爸為我介紹：「這位是白砂教授，以前我還在念書時，他就非常照顧我呢。」

白砂教授微微一笑：「理花已經長這麼大啦。」

「咦？」我們認識嗎？我沒有印象見過他啊！

看我反應不過來，白砂教授笑著說：「上次見到妳的時候，妳還是小嬰兒呢，應該不記得我。」

小、小嬰兒……難怪完全沒印象，我鬆了一口氣。

「時間不早了，我也該告辭了。」白砂教授站起來。

與此同時，有張傳單從桌上滑落，掉在我腳邊。我撿起來一看，不禁目瞪口呆，「啊，這是……」

爸爸解釋說：「我要當評審了，我們剛才就是在討論這件事。」

「真的嗎？爸爸好厲害。」

那張傳單是——「科學發表會的通知書」

上面寫著將在市內的千河學院舉行，我記得千河學院是國高中一貫教育的私立中學。我上的小學，過去也曾有人考上那所學校，但是通過的人不多，因為很難考，所以我聽過這所學校的名字。

我目不轉睛地注視著標題，科學發表會？是要發表些什麼呢？想起暑假的自由研究，我不禁躍躍欲試。

「妳想不想參加？」爸爸問我。

「咦，我可以參加嗎？」我很驚訝，小學生真的可以參加嗎？

爸爸苦笑著點點頭。

爸爸將傳單翻到背面，指著「小學生部門」的文字，我的注意力完全被吸引過去了。

「理花也對科學有興趣啊？」白砂教授有些驚訝的樣子。

我坦率的說：「對啊！我很喜歡理化。」現在的我，已經能自在地說出這句話，我真的好高興。沒錯，我喜歡理化！喜歡科學！

不料白砂教授露出複雜的表情：「這樣啊！有點可惜呢。」

「可惜？」可惜什麼……？我頭上冒出問號。

爸爸有點困擾的輕輕搖頭，插話說：「教授，這種事對小孩子……」

白砂教授意會地聳聳肩：「那不多說，我先告辭。」說完就離開了。

教授最後那句話令我耿耿於懷，我反覆思索還是不明白。等到把教授送出門，爸爸再回來時，我拿起桌上的簡章：「這又是什麼啊？」

「理花，我有話想跟妳說。」

爸爸難得露出嚴肅的表情，我下意識地把背挺直，端坐在沙發上。

爸爸默不作聲地遞出簡章，封面是我也看過的學校名稱，跟剛才那張傳單上面寫的學校名稱一樣。

「千河學院？千河學院怎麼了？」

爸爸點點頭，繼續以嚴肅的語氣說著：「這所學校的高中部被指定為SSH — Super Science High School（超級科學高中），是特別注重科學教育的學校。」

「所以？」我猜不透爸爸想說什麼，翻開簡章，愣住了。

海外實習的項目裡寫著在泰國與當地的小朋友共同研究熱帶雨林的報告。

泰國？熱帶雨林？好、好厲害……

翻到另一頁，上面介紹在大學實驗室裡面做研究、以及對世界遺產進行田野調查的活動等等，還有大哥哥、大姊姊笑容滿面的照片。社團活動也琳琅滿目，校內有科學社及生物社，還有參加全國比賽得獎的紀錄。

哇，真了不起！如果能在這樣的環境學習，應該會很開心！

好羨慕啊……彷彿聽到我的心聲，爸爸眉開眼笑地說：「妳想不想去考這所學校？」

「誰？我嗎？」做夢也沒想過這個可能性。

「看到理花最近的樣子，我覺得這所學校很適合妳。」

我目不轉睛地低頭看著千河學院的簡章，如果是這所學校，肯定能學到更多關於科學的知識，每天上學都能做實驗。哇，好像很好玩！

興奮之情湧上心頭，我脫口而出：「我想試試看。」話說出口後，我才反應過來。等等？等一下——我想起千河學院很難考。而且一旦要準備中學考試，就表示要與班上同學踏上不同的道路。

以後……不能跟蒼空同學念同一所國中嗎？

落英繽紛的春天，穿著全新制服的蒼空同學，在中學前的人潮中轉過頭來對我說：「理花，妳要去哪裡？學校在這邊吧？」

蒼空同學一臉費解地問我，然而，只有我穿著跟大家不一樣的制服，獨自走向跟大家不一樣的方向……

腦海中不禁浮現出這樣的畫面。眼前突然出現一條岔路，感覺自己的身體正撲簌簌地發抖。

後記

大家好！我是山本 史。非常感謝大家收看《理科少女的料理實驗室》第五集！好不容易從混亂的第四集順利來到第五集，感謝一路支持理花的讀者們！「夢幻甜點」篇到此告一段落，非常感謝大家！

雖然「夢幻甜點」的故事到此為止，但理花與蒼空的「殿堂級甜點」和「殿堂級實驗」，未來還是會繼續下去的！請繼續支持找到新目標的兩人，勇敢面對今後的挑戰！

非常感謝nanao老師、各位編輯、校對、設計師等參與這本書製作的所有人，這次也把書做得好漂亮！還有拿起這本書的讀者們，你們的回饋是我努力的動力。請務必在官方社群留言讓我知道你們的感想！

山本　史

參考文獻

《食物與廚藝》（On Food and Cooking）
哈洛德 · 馬基（Harold McGee）著
邱文寶、林慧珍、蔡承志譯

《烹飪的科學》（The Science of Cooking）
斯圖亞特 · 法里蒙（Stuart Farrimond）著
張穎綺譯

《法式糕點百科圖鑑：
終極版！收錄糕點狂熱份子不能錯過的132種法式甜點，
最詳盡的起源、典故與完整配方》
（フランス伝統菓子図鑑 お菓子の由来と作り方）
山本百合子著
胡家齊譯

「蘋果大學」網站：
https://www.ringodaigaku.com/top.html

故事館
故事館 036

理科少女的料理實驗室5：解開夢想食譜的消失之謎

理花のおかしな実験室〈5〉消えたレシピとつながる夢

作　　者　山本 史
繪　　者　nanao
譯　　者　緋華璃
專業審訂　施政宏（彰化師範大學工業教育系博士）
語文審訂　張銀盛（臺灣師大國文碩士）
責任編輯　陳彩蘋
封面設計　張天薪
內頁排版　連紫吟・曹任華

童書行銷　張惠屏・侯宜廷・林佩琪・張怡潔
出版發行　采實文化事業股份有限公司
業務發行　張世明・林踏欣・林坤蓉・王貞玉
國際版權　施維真・劉靜茹
印務採購　曾玉霞
會計行政　許俽瑀・李韶婉・張婕莛
法律顧問　第一國際法律事務所　余淑杏律師
電子信箱　acme@acmebook.com.tw
采實官網　www.acmebook.com.tw
采實臉書　www.facebook.com/acmebook01
采實童書粉絲團　https://www.facebook.com/acmestory/

ISBN　978-626-349-510-4
定　　價　320元
初版一刷　2024年1月
劃撥帳號　50148859
劃撥戶名　采實文化事業股份有限公司
104台北市中山區南京東路二段95號9樓
電話：(02)2511-9798　傳真：(02)2571-3298

國家圖書館出版品預行編目資料

理科少女的料理實驗室. 5, 解開夢想食譜的消失之謎 / 山本史　作 ; nanao 繪 ; 緋華璃譯. -- 初版. -- 臺北市 : 采實文化事業股份有限公司, 2024.01
288 面 ; 14.8×21 公分. -- (故事館 ; 36)
譯自 : 理花のおかしな実験室. 5, 消えたレシピとつながる夢
ISBN 978-626-349-510-4(平裝)
1.CST: 科學 2.CST: 通俗作品
307.9　112018398

線上讀者回函

立即掃描 QR Code 或輸入下方網址，連結采實文化線上讀者回函，未來會不定期寄送書訊、活動消息，並有機會免費參加抽獎活動。

https://bit.ly/37oKZEa

RIKA NO OKASHINA JIKKENSHITSU
Vol.5 KIETA RECIPE TO TSUNAGARU YUME

采實出版集團
ACME PUBLISHING GROUP